高等职业教育绿色低碳技术系列教材

# 企业碳核查技术

主　编　　冼灿标　　杨丽丽　　卢卓建

副主编　　方　靖

《企业碳核查技术》配套资源

西南交通大学出版社

·成　都·

**图书在版编目（CIP）数据**

企业碳核查技术 / 冼灿标，杨丽丽，卢卓建主编.

成都：西南交通大学出版社，2025.2. -- ISBN 978-7
-5774-0368-7

Ⅰ.X511.06

中国国家版本馆 CIP 数据核字第 2025U5U810 号

Qiye Tanhecha Jishu
## 企业碳核查技术

主　编 / 冼灿标　杨丽丽　卢卓建

策划编辑 / 黄淑文
责任编辑 / 黄淑文
封面设计 / GT 工作室

西南交通大学出版社出版发行

（四川省成都市金牛区二环路北一段 111 号西南交通大学创新大厦 21 楼　610031）

营销部电话：028-87600564　　　028-87600533

网址：https://www.xnjdcbs.com

印刷：四川森林印务有限责任公司

成品尺寸　185 mm×260 mm

印张　8.5　　字数　176 千

版次　2025 年 2 月第 1 版　　印次　2025 年 2 月第 1 次

书号　ISBN 978-7-5774-0368-7

定价　36.00 元

前 言
PREFACE

    随着全球气候变化问题日益严重，各国政府纷纷将碳减排纳入国家发展战略。我国作为负责任的大国，积极响应国际社会减排号召，提出"碳达峰、碳中和"目标，并在政策层面出台了一系列举措。在此背景下，企业碳核查作为衡量和控制碳排放的重要手段，其地位和作用愈发凸显。在此背景下，本教材应运而生，旨在梳理企业碳核查的常用方法与技术，为相关从业人员提供一本实用的操作指南。

    当前政策趋势表明，我国政府对企业碳排放的监管力度不断加强。一方面，碳排放权交易市场逐步建立，倒逼企业降低碳排放；另一方面，碳排放报告、核查和信息公开制度不断完善，对企业碳排放管理水平提出更高要求。在这种形势下，企业碳核查技术的重要性不言而喻。

    本书对以下企业碳核查的常用方法和技术进行了系统阐述：（1）碳排放核算方法，包括排放因子法、活动数据法、质量平衡法等，这些方法为企业碳排放量的计算提供了科学依据；（2）碳排放监测技术，涉及在线监测、手工监测、遥感监测等多种技术，帮助企业实时掌握碳排放数据；（3）碳排放报告编制，介绍了碳排放报告的结构、内容要求及编制流程，助力企业规范编制碳排放报告。

    在此基础上，我们提出以下建议：（1）企业应高度重视碳核查工作，建立健全碳排放管理制度，确保数据真实、准确、完整。（2）企业应掌握碳排放核算方法，结合自身实际情况，选用合适的核算工具和软件。（3）企业应加强碳排放监测能力，运用现代信息技术手段，提高数据收集、分析和报告的效率。（4）企业应关注政策动态，及时了解国家和地方碳排放政策、标准及要求，确保碳核查工作合规、有效。（5）企业应积极开展碳排放培训，提高员工碳减排意识和碳核查技能，为实施碳减排措施提供人才保障。（6）企业应加强与政府部门、专业机构和技术服务商的合作，共享碳核查经验，提升碳核查质量。

　　本书由广东环境保护工程职业学院绿色低碳技术专业团队共同编写,其中,冼灿标负责统稿和审定,并对全书做了全面系统的修改和完善;张乐、卢卓建、杨丽丽、方靖共同参与编写。本书的编写得到了广东省教育厅高水平专业群专项资金的支持,编者在此表示衷心感谢!本书的出版得到了西南交通大学出版社领导的重视和大力支持,责任编辑和其他相关工作人员为此书的出版付出了辛勤的劳动,在此深表谢意!希望通过本教材的出版,为广大企业碳核查工作提供有力支持,助力我国实现碳达峰、碳中和目标,为全球应对气候变化作出积极贡献。在此,我们对参与教材编写、审稿和出版的各位专家表示衷心的感谢,并对广大读者朋友致以诚挚的敬意。同时,我们也期待广大读者朋友的宝贵意见和建议,共同推动企业碳核查技术的进步与发展。

　　该书可作为低碳、节能、节电、资源综合利用等环保相关专业的教材,也可供高等教育、科研人员与国内外相关领域专家、学者阅读,还可作为政府机构环境管理相关部门的参考用书、企业培训机构的专业教材及企业员工自学的参考书。

　　由于编者水平有限,加之低碳技术更新换代较快,书中疏漏之处在所难免,不足之处请读者批评指正,以便进一步完善。

编　者

2024 年 10 月

# 目 录 ▣▣▣▣▣▣▣ CONTENTS

# 第1章 术语及定义

本书中术语及其中文定义引用自深圳市标准化指导性技术文件——《组织的温室气体排放量化和报告规范及指南》[SZDB/269-2012]和《组织的温室气体排放核查规范及指南》[SZDB/Z 70-2012]。这两个标准中的术语及其定义来源于 ISO 14064-1:2006，ISO14063-3:2006 和 The Greenhouse Gas Protocol-A Corporate Accounting and Reporting Standard（revised edition）（以下简称 GHG Protocol），有些术语进行了改写。本章节也提供了 ISO 14064-1:2006、ISO14063-3:2006 和 GHG Protocol 中的英文定义供参考使用。

### 1. 温室气体

大气层中自然存在的和由于人类活动产生的，能够吸收和散发由地球表面、大气层和云层所产生的，波长在红外光谱内的辐射的气态成分。

注：一般包括二氧化碳、甲烷、氧化亚氮、氢氟碳化物、全氟碳化物和六氟化硫六类。

【理解与学习】

（1）大气层中本身就广泛存在温室气体，它们是地球得以保持恒温的基础。这些气体包括：水蒸气、臭氧、二氧化碳、甲烷、氧化亚氮等。由于水蒸气及臭氧的时空分布变化较大，因此在进行减量措施规划时，一般都不将这两种气体纳入考虑。

（2）由于人类活动大大增加了二氧化碳、甲烷、氧化亚氮、氢氟碳化物、全氟碳化物和六氟化硫六种温室气体，使得全球变暖加剧，因此这六种温室气体被广泛关注，在《京都议定书》中被列为缔约国须进行控制的温室气体。

（3）红外光谱指波长 760 nm~1 mm 的非可见光，按频率大小依次排列所组成的图案。

### 2. 温室气体源

向大气中排放温室气体的物理单元或过程。

【理解与学习】

（1）物理单元只有在向大气中连续或间歇排放温室气体时，才被称为温室气体源。

（2）温室气体源可以是设施，如公务车、发电机、锅炉等，也可以是产生温室气体的过程，如化石燃料的燃烧。化石燃料指碳氢化合物或其衍生物，包括煤炭、石油和天然气等自然资源。化石燃料属于耗竭性能源，需要数百万年才能生成。

### 3. 温室气体汇

从大气中清除温室气体的物理单元或过程。

【理解与学习】

（1）清除的方法可以是物理的、化学的或是生物的，可由人类活动或非人类活动产生。

（2）温室气体汇与温室气体源是一组相对的概念，如：树木在生长过程中是一种温室气体汇，但当树木死亡后，其经过腐败或燃烧回归大自然的过程中却为温室气体源。

（3）目前最常见的温室气体汇是"林业碳汇"。

（4）温室气体汇的核算是为了衡量和报告一个国家或地区在特定时间内温室气体汇的总量，这对于理解和管理气候变化具有重要意义。关于温室气体汇的核算方法有：IPCC方法学，基于《京都议定书》规则下的清洁发展机制碳汇项目标准；非政府组织编写并推行、基于自愿碳市场的标准，如国际碳排放交易协会与世界经济论坛于2005年年底开始议的标准—自愿碳标准，以及某些国家依据本国的碳减排政策制定的林业碳汇项目标准和碳交易标准，如加拿大、澳大利亚和新西兰等。

### 4. 全球增温潜势

将单位质量的某种温室气体在给定时间段内辐射强度的影响与等量二氧化碳辐射强度影响相关联的系数。

【理解与学习】

（1）由于不同温室气体对温室效应的贡献不同，在排放量汇总时，需要将各种温室气体排放量乘以全球增温潜势折算为二氧化碳当量。

（2）给定的时间段理论上可以指任何一个时间段。IPCC给出20年、100年、500年三个时间段的全球增温潜势。

（3）"相关联的系数"是相同质量某种温室气体与二氧化碳的辐射强度的比值。这个比值是一个针对给定时间段内进行积分的结果，并且有一个不断修正的过程。因而，使用温室气体的GWP时，建议引用最新版本IPCC供的数据。

（4）表1-1-1是IPCC自1996年以来给出的6种主要温室气体100年时间尺度上的GWP值。

表 1-1-1　IPCC 自 1996 年以来给出的 6 种主要温室气体 100 年 GWP 值

| 温室气体 | IPCC 第二次评估报告（1996）GWP | IPCC 第三次评估报告（2001）GWP | IPCC 第四次评估报告（2007）GWP | IPCC 第五次评估报告（2013）GWP |
|---|---|---|---|---|
| $CO_2$ | 1 | 1 | 1 | 1 |
| $CH_4$ | 21 | 23 | 25 | 28 |
| $N_2O$ | 310 | 296 | 298 | 265 |
| HFCs | 140~11 700 | 120~12 000 | 124~14 800 | 1~12 400 |
| PFCs | 7 000~9 200 | 5 700~11 900 | 7 390~12 200 | 1~11 100 |
| $SF_6$ | 23 900 | 22200 | 22 800 | 23 500 |

### 5. 温室气体排放

特定时段内释放到大气中的温室气体总量（以质量单位计算）。

【理解与学习】

温室气体总量，一般以吨二氧化碳当量（$tCO_2e$）表示。

### 6. 温室气体清除

在规定时段内从大气中清除的温室气体总量（以质量单位计算）。

【理解与学习】

（1）"规定时段"一般通过合同、温室气体方案等由目标用户与责任方确定。

（2）"温室气体清除"是与"温室气体汇"相关联的一组术语。温室气体清除是描述某一组织的温室气体汇在一定时间段内从大气中清除的温室气体总质量。

（3）在计算组织温室气体总排放时，相对于温室气体源，以负值呈现。

（4）温室气体清除量核算方法包 IPCC 公布的特别报告《二氧化碳捕和封存》等。

### 7. 二氧化碳当量

各种温室气体对温室效应增强的贡献，可以按 $CO_2$ 排放率来计算，这种折算量就叫二氧化碳当量。

注：温室气体二氧化碳当量等于给定气体的质量乘以其全球增温潜势。

【理解与学习】

（1）"温室气体当量"的意义在于：使各种温室气体的辐射强度有了一致的、可比较的度量方法。

（2）该术语与 GWP 相关联，如：按 IPCC 第四次评估报告，$CH_4$ 的 GWP 为 25，

表示"1 t CH$_4$相当于 25 t CO$_2$"。

## 8. 组　织

具有自身职能和行政管理的企业、事业单位、政府机构、社团或其结合体，或上述单位中具有自身职能和行政管理的一部分，无论其是否具有法人资格、公营或私营。

【理解与学习】

（1）组织须同时具备两个基本要素：自身职能（如物料管理、提供餐饮服务、生产某种产品等）与行政管理权力（如人事任免、资金调用、物资管理等）。

（2）组织不一定具有法人资格，可以是分公司或社会团体。

## 9. 设　施

属于某一地理边界、组织单元或生产过程中的，移动的或固定的一个装置、一组装置或设备。

【理解与学习】

（1）设施可以是移动的，如车辆；也可以是固定的，如发电机组、锅炉等。

（2）设施可以是一个装置，如一台锅炉；也可以是一组装置或设备，如空压机几条生产线的组合。

## 10. 基准年

用来将不同时期的温室气体排放或清除，或其他温室气体相关信息进行参照比较的特定历史时段。

注：基准年排放或清除的量化可以基于一个特定时期（例如 1 年）内的值，也可以基于若干个时期（例如若干个年份）的平均值。

【理解与学习】

（1）特定的历史时段，指依据目标用户或特定要求所确定的某一历史时间段。

（2）基准年的作用是为了对两个时期进行比较，通常需要比较的内容有温室气体排放量或清除量、组织边界和运行边界、温室气体量化方法学等信息。

（3）为了进行比较，基准年的温室气体排放量或清除量应进行量化，可以是固定某年的值或几年的平均值，也可以设定为几年的移动平均值。

## 11. 重要限度

用于界定重要结构变化的定性或定量标准。组织或核查员有责任确定"重要限度"，用作考虑基准年排放量的重新计算。多数情况下，"重要限度"取决于采用的信息、组织的特点及结构变化的特征。

【理解与学习】

（1）"结构变化"是指产生温室气体排放的活动或业务的所有权或控制权从组织转入或转出。结构变化的情况包括：业务的合并、收购、剥离、外包或租赁；计算方法排放因子、活动数据的重大变化或发现重大错误，或是多个错误的累积对基准年排放量产生重大影响等情况。

（2）重要限度设定的意义在于：保证温室气体量化报告的一致性与相关性，使组织声明的温室气体排放量与基准年的排放量具有可比性，避免结构变化及方法学等因素的变化影响目标用户的决策与判断情况的出现。

## 12. 保证等级

目标用户要求核查达到的保证程度。

注1：保证等级用于确定核查者设计核查计划和开展核查工作的深入程度，从而确定温室气体量化过程是否存在实际错误、遗漏或错误解释。

注2：保证等级分为合理保证等级和有限保证等级，不同的保证等级最后会形成不同的核查陈述。

【理解与学习】

（1）保证等级取决于目标用户对温室气体信息和数据的准确性要求。一般由核查机构在核查开始前，应委托方要求，或根据目标用户要求而确定。

（2）合理保证等级与有限保证等级的区别在于：合理保证等级要求核查员在核查时，重视数据与信息的准确性与可信性，并基于核查活动的验证，可作出如下结论："根据所实施的过程和程序，温室气体声明不具有/具有实质性"（或"温室气体声明实质性的正确/不是实质性正确的"）；有限保证等级对数据与信息的准确性要求低于合理保证等级。

（3）由于存在一些不确定性因素，如试验与控制的固有风险，合理保证等级也无法给出绝对的保证。

## 13. 组织边界

确定量化和报告组织拥有或控制的业务的边界，取决于采用的合并方法（股权比例法或控制权法）。

【理解与学习】

（1）组织边界是指组织开展经营、生产及其他有关活动的边界或范围。组织边界可以是组织拥有所有权的设施，如组织自行投资建设的工业园；也可以是组织无所有权但拥有控制权的设施，如组织租用的厂房。

（2）组织边界决定了组织温室气体核算和报告的范围。

### 14. 运行边界

组织拥有或控制的业务的直接与间接温室气体排放的边界。

【理解与学习】

（1）运行边界与组织边界的区别在于：组织边界用于确定组织温室气体声明所涵盖的物理（或地理）边界；运行边界是用于确定组织温室气体声明所涵盖的排放源的边界。

（2）运行边界分为直接温室气体排放和间接温室气体排放两大类别，间接温室气体排放又分为能源间接温室气体排放和其他间接温室气体排放。确定运行边界的意义在于：确定哪些排放源导致了直接温室气体排放或能源间接温室气体排放或其他间接温室气体排放。

（3）组织活动产生的温室气体排放可能存在重叠的情况，特别是能源供应方和能源需求方。运行边界的准确划分可避免温室气体排放量的重复计算。

### 15. 直接温室气体排放

组织拥有或控制的温室气体源所产生的温室气体排放。

【理解与学习】

（1）直接温室气体排放又称为"范围一"排放。分为四类：固定燃烧排放、移动燃烧排放、制程排放和逸散排放。

（2）组织拥有的温室气体源，如组织自行购置的锅炉、车辆、生产设备等。

（3）组织控制的排放源，如组织租用的设备、车辆等。

（4）组织可对生物质或生物燃料燃烧产生的直接二氧化碳排放予以单独量化和报告，结果不计入范围一和排放总量中。

### 16. 能源间接温室气体排放

组织所消耗的外购电力、热、冷或蒸汽的生产造成的温室气体排放。

【理解与学习】

（1）能源间接温室气体排放又称为"范围二"排放。

（2）组织使用外购电力、热、冷或蒸汽的过程中，不造成直接温室气体排放，但电力、热、冷或蒸汽的供应商生产这些能源的过程会造成直接温室气体排放。因此，为避免重复或遗漏计算温室气体的排放，将能源间接温室气体排放单独划为一类。

### 17. 其他间接温室气体排放

因组织的活动引起的，而被其他组织拥有或控制的温室气体源所产生的温室气体排放，但不包括能源间接温室气体排放。

【理解与学习】

（1）其他间接温室气体排放又称为"范围三"排放。

（2）因为范围三所涵盖的温室气体排放较为复杂，一般来说不要求组织量化和报告范围三的温室气体排放。

### 18. 温室气体排放因子

将活动数据与温室气体排放相关联的因子。

【理解与学习】

（1）温室气体排放因子是量化每单位活动数据的温室气体排放量的系数。以电力排放因子为例，生产 1 kW·h 电量所产生的温室气体排放量即为电力排放因子的数值。

（2）排放因子按照数据质量依次递减的顺序分为六类：测量/质量平衡获得的排放因子、相同工艺/设备的经验排放因子、设备制造商提供的排放因子、区域排放因子、国家排放因子、国际排放因子。量化时应选择数据质量较高的排放因子。

### 19. 温室气体活动数据

产生温室气体排放活动的定量数据。

注：温室气体活动数据包括能源、燃料或电力的消耗量，物质的产生量，提供服务的数量，或受影响的土地面积等。

【理解与学习】

（1）产生温室气体排放的活动，即是特定时间段内向大气中排放温室气体的活动，如车辆汽油柴油燃烧、石灰石煅烧等活动。

（2）定量数是由数值和度量单位表述的数，如某企业年耗电量 3000 MW·h 就是定量数据。

### 20. 实质性

由于一个或若干个累积的错误、遗漏或错误解释，可能对温室气体声明或目标用户的决策造成影响的情况。

注 1：在设计核查或抽样计划时，实质性的概念用于确定采用何种类型的过程，才能将核查者无法发现实质性偏差的风险（即"发现风险"）降到最低。

注 2：那些一旦被遗漏或陈述不当，就可能对温室气体声明做出错误解释，从而影响目标用户得出正确决策的信息被认为具有"实质性"。可接受的实质性是由核查组在约定的保证等级的基础上确定的。

【理解与学习】

（1）当责任方的温室气体实际排放量与其发布的温室气体声明中的排放量的偏差

超过规定允许的偏差时，即认为责任方的温室气体声明具有实质性。

（2）示例：核查后发现组织的温室气体实际排放量与组织的温室气体声明中的排放量偏差为 6%，而允许的实质性偏差为 ±5%，则核查组应在核查陈述中作出"组织的温室气体声明具有实质性"的结论。

### 21. 实质性偏差

温室气体声明中可能影响目标用户决策的一个或若干个累积的实际错误、遗漏和错误解释。

【理解与学习】

（1）在实际核查中，组织温室气体声明的实质性偏差的计算公式为：

实质性偏差＝（组织量化报告排放量—核查机构核查报告排放量）/核查机构报告量×100%

（2）核查员在考虑核查的目的、保证等级、准则和范围的基础上，根据目标用户的需求、确定允许的实质性偏差限值。

### 22. 排除门槛

用于界定不予量化的温室气体排放是否构成实质性的定性或定量的标准。

【理解与学习】

（1）组织或核查员在对温室气体排放作排除处理时须依据"排除门槛"。

（2）排除门槛设定的标准，应考虑到是否会产生实质性，即不予量化的一个或多温室气体排放的累积不应影响温室气体声明的正确性或目标用户的决策。

### 23. 温室气体声明

责任方所作的宣言或实际客观的陈述。

注 1：温室气体声明可以针对特定时间，或覆盖一个时间段。

注 2：温室气体声明可通过温室气体报告的形式提供。

【理解与学习】

（1）温室气体声明应至少包含以下内容：组织名称、地址、组织边界、时间段、运行边界及温室气体排放量信息等。

（2）核查过程应采用与组织温室气体声明一致的量化方法学。

（3）温室气体声明的意义在于：可以使目标用户清晰地了解组织的温室气体排放情况及其变化，并作出必要的决策与判断。

## 24. 核　查

根据约定的核查准则对温室气体声明进行系统的、独立的评价，并形成文件的过程。

【理解与学习】

（1）核查按实施核查者的不同可分为：第一方核查或内部核查（组织本身）、第二方核查（利益相关方）、第三方核查或外部核查（第三方核查机构）。

（2）核查形成文件的信息包括：核查计划、核查记录、核查发现、核查报告等。

（3）在核查活动中，核查员须保持独立性。在某些情况下，如进行第一方核查，独立性可体现在核查员不承担收集温室气体数据和信息的责任。

## 25. 核查准则

在对证据进行比较时作为参照的方针、程序或要求。

注：核查准则可以是政府部门、温室气体方案、自愿报告行动、标准或优良做法指南等规定的。

【理解与学习】

（1）证据类型包括物理证据、文件证据和证人证据。

（2）方针、程序或要求可以是原则、纲领、国家、地方标准、程序文件、适用于组织的法律法规、国家或地区温室气体要求的绩效准则、温室气体方案所规定的作为资格要求或准入要求的准则、其他有关标准化团体协议规定的准则等。

## 26. 核查陈述

向目标用户出具的为责任方温室气体声明提供保证的正式书面声明。

【理解与学习】

（1）核查陈述可以作为核查机构对责任方温室气体声明是否符合约定保证等级的结论性文件，也可以作为核查机构为责任方温室气体声明提供担保的文件。

（2）核查陈述通常由核查机构发布。

（3）核查陈述一般对组织的温室气体声明作出肯定或否定两种结论。

（4）核查结论的描述方法：若组织温室气体声明的实质性偏差未超出规定的实质性偏差限值，则核查陈述中作出"组织的温室气体声明实质性正确"的结论；反之，则作出"组织的温室气体声明具有实质性"的结论。

（5）核查陈述的内容应包括责任方的相关信息、所采用的核查准则、核查的范围、核查目的、保证等级、核查结论等内容。

### 27. 碳配额

由政府部门发放，用来记载或标识持有人在未来一定时间段内允许排放特定数量温室气体权利的凭证。

【理解与学习】

碳排放权交易市场的交易产品依据温室气体排放凭证种类的不同，分为碳排放配额（简称碳配额）和碳排放核证减排量（简称核证减排量）两种。目前7个交易点省市的交易产品均为碳配额。

### 28. 碳抵消

组织使用经过核证的自愿减排量抵消其组织边界内的温室气体排放量的行为。

【理解与学习】

目前，我国碳交易试点省市均允许控排组织使用自愿减排项目产生的中国核证减排量来部分抵消其碳排放量，使用比为5%~10%。

# 第2章 设定组织边界

## 2.1 要 求

　　企业进行业务活动的法律和组织结构各不相同，包括全资企业、法人合资企业与非法人合资企业子公司和其他形式。进行财务核算时，要根据组织结构以及各方面之间的关系，按照既定的规则进行处理。公司在设定组织边界时，应先选择一种合并温室气体排放量的方法，然后采用选定方法界定这家公司的业务活动和运营，从而对温室气体排放量进行核算和报告。

　　企业报告时，有两种不同的温室气体排放量合并方法可供选择：股权比例法和控制权法。企业须按照下文所述的股权比例法或控制权法核算并报告合并后的温室气体数据。如果报告的企业拥有其业务的全部所有权，那么不论采用哪种方法，它的组织边界都是相同的。对合营企业而言，组织边界和相应的排放量结果可能因使用的方法不同而有所不同。至于运营边界，无论是全资企业还是合营企业，对合并方法的选择都可能改变排放的归类。

### 2.1.1 股权比例法

　　在采用股权比例法的情况下，企业根据其在业务中的股权比例核算温室气体排放量。股权比例能够反映公司的经济利益，即企业对业务的风险与回报享有的权限。通常情况下，一项业务的经济风险及回报的比例与这家公司在经营中所占的所有权比例是一致的，股权比例一般等同于所有权比例。反之，则企业与业务之间的经济实质关系始终优先于法律上的所有权形式，以确保股权比例反映经济利益的比例。经济实质优先于法律形式的原则与国际财务报告准则一致，因此编制排放清单的人员可能需要询问本公司的会计或法律人员，确保对每一个合营企业都采用适当的股权比例。财务核算类别的定义见表 2-1-1。

表 2-1-1　财务核算类别

| 核算类别 | 财务核算定义 | 按照《企业标准》核算温室气体排放量 | |
| --- | --- | --- | --- |
| | | 股权<br>比例法 | 财务<br>控制权法 |
| 集团公司<br>/子公 | 母公司能够直接对这家公司的财务与运营政策作出决定，并从其经营活动中获取经济利益。一般情况下，这一类型也包括母公司享有财务控制权的法人合资企业与非法人合资企业及合伙企业。集团公司/子公司实行完全合并，意味着将各子公司的收入、费用、资产与负债分别 100%纳入公司的损益账户和资产负债表。当母公司的权益不等于 100%时，合并后的损益账户和资产负债表要扣除少数所有者的利润和净资产 | 股权比例比例的温室气体排放 | 100%的温室气体排放 |
| 关联公司 | 母公司对公司的运营与财务政策有重大影响，但对公司没有财务控制权。通常情况下，这一类型也包括母公司有重大影响但没有财务控制权的法人合资企业、非法人合资企业及合伙企业。财务核算时采用股权比例法确认母公司持有的关联公司的利润和净资产份额 | 股权比例比例的温室气体排放 | 0%的温室气体排 |
| 合作方享有共同财务控制权的非法人合资企业/合伙企业/业务 | 按比例对合资企业/合伙企业/业务进行合并，各合作方对合资企业的收入、支出、资产与负债享有相应比例的利益 | 股权比例比例的温室气体排放 | 股权比例的温室气体排放 |
| 固定资产投资 | 母公司既没有重大影响也没有财务控制权，这一类型也包括上述情况的法人合资企业、非法人合资企业和合伙企业。财务核算时对固定资产投资采用成本/分红法。这意味着只有收取的红利被认定为收入，投资作为成本处理 | 0%的温室气体排放 | 0%的温室气体排放 |
| 特许 | 特许机构是独立的法律实体。大多数情况下，特许经营的授权人对特许业务没有股权或控制权。因此，合并的温室气体排放数据不应当包括特许业务。但是如果特许权授予人享有股权或运营/财务控制权，那么按照权益或控制权法进行合并时适用同样的规则 | 股权比例的温室气体排放 | 100%的温室气体排放 |

## 2.1.2 控制权法

在采用控制权法的情况下，公司对其控制的业务范围内的全部温室气体排放量进行核算，对其享有权益但不持有控制权的业务产生的温室气体排放量不核算。所谓控制与否，可以从财务或运营的角度界定。当采用控制权法对温室气体排放量进行合并时，公司须在运营控制或财务控制这两种标准之中作出选择。

在多数情况下，对财务控制或运营控制标准的选择并不影响判断一项业务是否受公司控制，但有一个值得注意的例外，在石油和天然气行业，其所有权/经营权结构往往很复杂。这样一来，石油和天然气行业选择何种控制权标准，对公司的温室气体排放清单有重大的影响。在做选择时，公司应当考虑：如何使温室气体排放核算与报告最好地适应排放报告和排放交易体系的要求；如何与财务报告、环境报告相一致以及哪个标准能够最好地反映公司的实际控制能力。

### 1. 财务控制权

如果一家公司对其业务有财务控制权，那么这家公司能够直接影响其财务和运营政策，并从其活动中获取经济利益。例如，如果公司享有对大多数运营利益的权利，通常就享有财务控制权，而不论这些权利是如何实现转让。同样，如果一家公司持有对经营资产所有权的大多数风险和回报，这家公司便被视为享有财务控制权。

按照这一标准，公司和业务的经济实质关系优先于法律上的所有权，因此即使持有该公司股权不足50%，也有可能享有对经营的财务控制权。在评价经济实质时，也需要考虑潜在表决权的影响，包括公司持有的表决权和其他人持有的表决权。这项标准与国际财务核算准则一致。因此，如果某项业务活动因财务合并的需要被视为一家集团公司或子公司，例如，如果该项业务在财务账目中被完全并入，那么公司在进行温室气体核算时便对其享有财务控制权。如果不采用此标确定控制权，对享有同财务控制权的合资企业的排放量应按股权比例核算（财务核算类别的定义见表 2-1-1 ）。

### 2. 运营控制权

如果一家公司或其子公司（财务核算类别的定义见表 2-1-1）有提出和执行一项业务的运营政策的完全权利，这家公司便对这项业务享有运营控制权。这一标准与许多报告其运营设施（比如机构持有营业执照的设施）排放量的公司现行的核算和报告惯例相一致。这意味着，如果这家公司或其子公司是某一个设施的运营商，它就享有提出和执行运营政策的完全权力，并因而享有运营控制权。极少数情况例外。

在采用运营控制权法的情况下，公司对其自身或其子公司持有运营控制权的业务产生的 100% 的排放量进行核算。

应当强调的是，一家公司享有运营控制权，并不意味着它一定对其所有决策作出决定。例如，大额资本投资很可能需要征得享有共同财务控制权的所有合作方的批准。运营控制权意味着公司有权提出和执行运营政策。

关于运营控制标准的相关材料及更多的应用信息，见石油工业温室气体排放报告指南（IPIECA, 2003）。

有时一家公司能够对一项业务享有共同财务控制权，但不享有运营控制权。在这些情况下，公司要根据合同确定合作的一方是否有权就这项业务提出和执行运营政策，从而决定是否有责任根据运营控制权报告排放量。如果这项业务执行方自行提出并执行自己的运营政策，对这项业务享有共同财务控制权的合作方不必根据运营控制权报告其任何排放量。

本章指南部分的表 2-1-1 说明了如何在企业一级选择合并方法，以及如何根据所选的合并方法识别哪些合营业务处于组织边界以内。

### 2.1.3　多级合并

只有在同一组织的所有层级都遵循同一合并规则的情况下，温室气体排放数据的合并结果才能得出一致的数据。作为第一步，母公司的管理层应该确定合并方法（即股权比例法、财务控制权法或运营控制权法）。一旦企业的合并规则选定后，须在本组织的所有层级采用这一规则。

### 2.1.4　国家所有权

涉及国家所有权或公/私混合所有权的合营业务的温室气体排放核算也须适用于本章提出的规则。

英国石油公司（British Petroleum, BP）是一家跨国石油和天然气公司，总部位于英国伦敦，是世界上最大的石油和天然气公司之一。BP 在全球范围内从事石油和天然气的勘探、生产、炼制和销售，同时还涉足可再生能源和其他能源解决方案的业务。

BP 按照股权比例法报告温室气体排放，包括 BP 享有权益但不是运营商的业务。在确定股权比例的报告边界时，BP 努力实现其与财务核算程序严格一致。BP 的股权比例边界包括 BP 与其子公司、合资经营及相关企业的通过财务账目中处理的所有业务。BP 影响力有限的固定资产投资不包括在内。

BP 按照 BP 集团环保业绩报告指南（BP2000）的要求，估算其持有股权的设施产生的温室气体排放量。对于 BP 持有股权但不作为运营商的设施，温室气体排放数据可以采用与 BP 指南一致的方法直接从运营公司取得，或由 BP 利用运营商提供的活动数据计算。

BP 每年报告其持有股权比例的温室气体排放量。自 2000 年以来，独立外部审计机构表示，对照 BP 指南进行审计后，整个报告没有被发现存在重大错误。

## 2.2　指　导

当计划合并温室气体数据时，区分温室气体核算和温室气体报告是很重要的。温室气体核算关注的是确认与合并持有其利益（控制权或股权）的母公司业务的温室气体排放量，并将数据与具体的业务、场所、地理位置、业务流程和所有者联系挂钩。而温室气体报告关注的则是根据不同的报告用途和使用者的需要，在规定的表格中呈报相应的温室气体数据。

报告温室气体排放的大多数企业都有多个目标，例如，官方的政府报告需求、排放交易体系或公开报告的要求。建立温室气体排放核算系统时，要考虑的一项基本法则是确保这个系统能够符合一系列的报告需求。保证收集和记录的数据有足够的分类层级并能以各种形式合并，将使企业在满足一系列报告需求时有最大限度的灵活性。

### 2.2.1　重复计算

如果两家或两家以上的企业对同一合营业务享有权益并采用不同的合并方法（例如 A 公司采用股权比例法而 B 公司采用财务控制权法），可能导致重复计算这一合营业务的排放量。在企业自愿进行公开报告的情况下，只要企业充分披露其合并方法，重复计算可能可以接受。但是，在交易体系和具有强制性的政府报告体系下，排放量的重复计算就需要避免了。

### 2.2.2　报告目标与合并层级

温室气体报告有多个不同的层级，有本地设施级也有更复杂的企业级。不同的报告层级有不同的原因，范例如下。

官方的报告计划或一些排放交易计划可能要求报告设施一级的温室气体数据。在这种情况下不涉及企业一级合并温室气体数据的问题，政府报告和排放交易计划可能要求在特定地区与运营边界内进行数据合并（例如英国排放贸易体系）。

为了向更广泛的利益相关方公布企业的账目，企业可能参与自愿性的公开报告，这时要合并企业一级的温室气体数据，以表明整个企业活动的温室气体排放量。

### 2.2.3　涉及温室气体排放的合同

为明晰所有权（权利）与责任（义务）问题，参与合营的企业可以起草合同，详细说明合营参与方之间如何分配排放量的所有权、承担管理责任与相关风险。如果达成约定，各企业可以选择相应的合同类型，内容应该包括关于二氧化碳配额的相关风险与义务的信息。

## 2.2.4　采用股权比例法或财务控制权法

不同的排放清单目标要求不同的数据组合，因此，企业可能需要采用股权比例和控制权这两种方法核算其温室气体排放量。《企业标准》没有就企业温室气体排放自愿报告应当采用股权比例法还是两种控制权法中的一种进行核算提出建议，但是鼓励各企业采用股权比例法和控制权法分别核算排放量。各公司需要就最适合它们业务活动和温室气体核算与报告要求，作出决定采用哪种方法。影响方法选择的因素列举如下：

（1）反映商业现实。有一种观点认为，从某项活动获取经济利益的企业，应当承担这项活动产生的温室气体排放的责任。采用股权比例法可以做到这一点，因为这种方法可以确定以商业活动产生经济利益为基础的温室气体排放量的归属。控制权法并不总能反映一家企业业务活动产生的所有温室气体排放的责任，但它的优点是，一家企业对其能够直接影响和减少的全部温室气体排放负完全责任。

（2）政府报告和排放交易计划。政府管制计划，通常需要接受监督并强制执行。由于通常是运营商（而不是权益持有人或享有财务控制权的集团公司）承担职责，政府一般通过设施一级的体系或合并确定地区边界内的数据，要求运营商按照运营控制权进行报告。例如，欧盟排放交易体系将排放许可权分配给特定的设施运营商。

（3）负债与风险管理。尽管根据强制性法规进行的报告很可能会持续地基于对运营的控制，最终的财务责任往往由运营中持有股权或财务控制权的集团公司负担。因此，在评估风险时，按照股权比例和财务控制法报告温室气体排放量，会提供更全面的描述。股权比例法可以更全面地反映负债和风险未来，各企业可能要对其持有权益但没有财务控制权的合营业务产生的温室气体排放承担负债责任。例如，控股公司可能要求在运营中持有股权但没有财务控制权的企业承担相应的温室气体减排的费用。

（4）与财务核算一致。未来的财务核算标准可能将温室气体排放作为负债处理，而把排放配额/碳信用作为资产处理。为了评估一家合营公司业务产生的资产与负债，核算温室气体与财务核算时，应当采用相同的合并规则。股权比例法和财务控制权法使温室气体核算与财务核算更趋一致。

（5）管理信息与业绩跟踪。由于管理人员只对其控制之下的活动负有责任，因而控制权法看起来更适合跟踪业绩。

（6）管理成本与数据获取。由于要收集不在报告企业控制之下的合营业务温室气体排放的数据，因此数据的采集难度大、花费时间多，导致采用股权比例法核算的管理成本高于采用控制权法核算的管理成本。各企业对自己控制下的业务可能更容易获得数据，因此当使用财务控制权法时，企业更有能力确保基于报告的信息符合最低的质量标准。

（7）报告的完整性。在采用运营控制权法的情况下，企业可能由于组织边界内的业务没有对应的财务资产记录或清单可以核查，从而难以证明报告的完整性。

下面以某 BP 石油公司基于运营控制权报告为例进行说明。在石油天然气行业，企业的所有权和控制权结构往往很复杂。一个集团可能持有一项业务不足 50% 的股本，但对这项投资享有运营控制权；另一方面，在某些情况下，一个集团可能持有一项投资的多数权益，但不享有运营控制权，例如少数合作方在董事会享有否决权。如图 2-2-1 所示，该公司由于这种复杂的所有权和控制权结构，选择基于运营控制权报告其温室气体排放量。无论公司在业务中持有的股权比例是多少，该石油公司公司都报告其控制之下的所有业务中的全部温室气体排放量，因而能够确保温室气体的排放报告符合它的运营政策，包括《健康、安全和环境业绩监督与报告指导规范》。集团采用运营控制权法，使搜集和整理的数据具有一致性、可靠性，并且符合质量标准。

**例 2-2-1** 股权比例法与财务控制权法。

某 BP 公司实业是由多家从事化学品生产和营销的公司/合资企业组成的化工集团。表 2-2-1 描述了该公司实业的组织结构，并说明如何根据股权比例法和控制权法核算不同的全资与合资业务的温室气体排放量。

该公司实业在设定组织边界时，首先确定采用股权比例法还是控制权法合并企业一级的温室气体数据，然后决定哪些企业一级的业务适合其选定的合并方法。按照选定的合并方法在较低运营层级重复合并过程。在这个过程中，先确定较低运营层级（子公司、关联公司、合资企业等）的温室气体排放比例分配，然后再在企业层级合并。图 2-2-1 指出了根据股权比例法和财务控制权法设定的 Hollad 实业的组织边界。

在这个例子中，某公司美洲（而非某公司实业）持有 BGB 50% 的股权和 IRW 75% 的股权。如果某公司实业自身的活动产生温室气体排放量（例如总部用电的排放量），这些排放量应当 100% 进行合并。

注释："业务"一词用于泛指任何种类的商业活动，不考虑其组织管理或法律结构。

财务核算标准使用统一的"控制"，即指本章的"财务控制"。

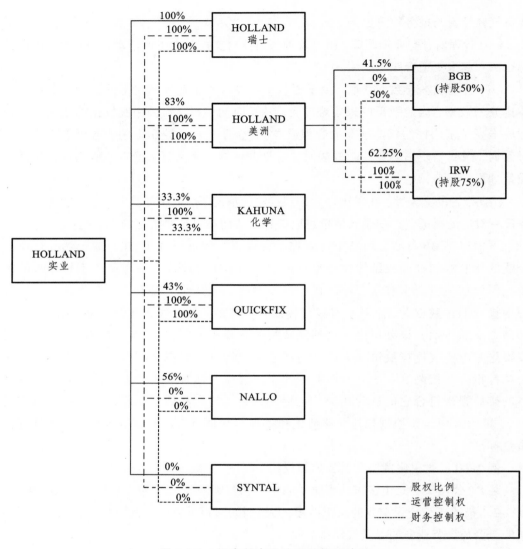

图 2-2-1　设定某实业公司的组织边界

表 2-2-1　组织结构与温室气体排放量核算

| 某公司的全资与合营方 | 律结构与合作方 | 某公司实业持有的股权 | 运营政策控制权 | 某公司实业财务核算处理 | 某公司实业排放量的核算与报告 | |
|---|---|---|---|---|---|---|
| | | | | | 股权比例法 | 控制权法 |
| 某公司瑞士 | 公司法人 | 100% | 某公司实业 | 全资子公司 | 100% | 运营控制权100%，财务控制权100% |
| 某公司美洲 | 公司法人 | 83% | 某公司实业 | 子公司 | 83% | 运营控制权100%，财务控制权100% |

| 某公司的全资与合营方 | 律结构与合作方 | 某公司实业持有的股权 | 运营政策控制权 | 某公司实业财务核算处理 | 某公司实业排放量的核算与报告 | |
|---|---|---|---|---|---|---|
| | | | | | 股权比例法 | 控制权法 |
| BGB | 合资企业，合作方共同控制财务，另一方为 Rearden | 某公司美洲持有50% | Rearden | 通过某公司美洲处 | 41.5%（83%×50%） | 运营控制权0%，财务控制权50%（50%×100%） |
| IRW | 某公司美洲的子公司 | 某公司美洲持有75% | 某公司美洲 | 通过某公司美洲处理 | 62.25%（83%×75%） | 运营控制权100%，财务控制权100% |
| Kahuna化学 | 非法人合资企业；合作方共同控制财务；另两个合作方：ICT和BCSF | 33.3% | 某公司实业 | 按比例合并的合资企 | 33.3% | 运营控制权100%，财务控制权33.3% |
| QuickFix | 合资法人，另一合作方为Majox | 43% | 某公司实业 | 子公司（某公司实业享有财务控制权，因为在财务账目上其将OuickFix作为子公司处理） | 43% | 运营控制权100%，财务控制权100% |
| Nallo | 合资法人，另一合作方为Nagua公司 | 56% | Nallo | 关联公司（某公司实业没有财务控制权，因为在财务账目上其将Nallo作为关联公司处理） | 56% | 运营控制权0%，财务控制权0% |
| Syntal | 公司法人，rewhon公司的子公司 | 1% | Erewhon公司 | 固定资产投资 | 0% | 运营控制权0%，财务控制权0% |

# 第3章 设立运营边界

当某公司按照拥有或控制的标准确定了组织边界后，就需要设定其运营边界。这要求识别与其运营相关的排放，将其分为直接与间接排放，并选定间接排放的核算与报告范围。

为了对温室气体进行有效、创新的管理，设定综合的包括直接与间接排放的运营边界，有助于公司更好地管理所有温室气体排放的风险和机会，这些风险和机会都存在于公司价值链内。

直接温室气体排放是指来自公司拥有或控制的排放源的排放。间接温室气体排放是指由公司活动导致的但发生在其他公司拥有或控制的排放源的排放。

直接排放与间接排放的划分，取决于所用设定组织边界的方法（股权比例法或控制权法）。图 3-1-1 说明了一家公司组织边界与运营边界之间的关系。

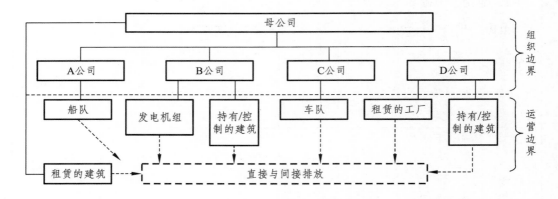

图 3-1-1  公司的组织与运营边界

## 3.1  引入"范围"概念

为便于描述直接排放源与间接排放源，提高透明度以及为不同类型的机构和不同类型的气候政策与商业目标服务，《企业标准》针对温室气体核算与报告设定了三个"范围"（范围一、范围二和范围三）。该标准详细定义了范围一和范围二，以确保两家企业或更多企业在同一范围内不会重复核算排量。

运营边界是指在一家企业设定的组织边界内其运营产生的直接与间接排放的范围。在组织边界设定后，运营边界（范围一、范围二和范围三）在公司一级确定。然后在各运营层级，按选定的运营边界统一用于识别和区分直接与间接排放。设定的组织与运营边界共同构成了一家企业的排放清单边界。

《企业标准》中针对温室气体核算与报告设定的三个"范围"（范围一、范围二和范围三），主要包括以下内容。

## 3.1.1 范围一：直接温室气体排放

直接温室气体排放产生自一家企业拥有或控制的排放源，例如企业拥有或控制的锅炉、熔炉、车辆等产生的燃烧排放；拥有或控制的工艺设备进行化工生产所产生的排放。生物质燃烧产生的直接二氧化碳排放不应计入范围一，须单独报告。

《京都议定书》没有规定的温室气体排放，如氟氯碳化物、氮氧化物等，须不计入范围一，但可以单独报告。

范围一排放，通常指的是企业直接控制的排放源，例如公司拥有的车辆、工厂和设备的排放。

### 1. 范围一排放的类型

范围一排放具体包括企业直接控制的排放源，这些通常包括：

（1）化石燃料的燃烧：例如，企业用于加热、发电或为车辆提供动力的煤炭、石油和天然气的燃烧。

（2）工艺排放：这是指在生产过程中产生的温室气体排放，例如，化工厂的化学反应释放的二氧化碳或其他温室气体。

（3）移动源的排放：包括公司拥有的车辆（如货车、轿车、飞机和船只）的排放。

（4）逸散性排放：这涉及企业拥有的设备或设施中逸散的温室气体，例如，制冷剂泄漏或管道中的天然气泄漏。

（5）废物处理排放：包括企业控制的废物处理设施（如垃圾填埋场或焚烧炉）产生的排放。

范围一的排放是企业可以直接测量和控制的，因此，对于大多数企业来说，这是温室气体排放管理的一个重要起点。

### 2. 减少范围一排放的措施

企业可以通过以下措施来减少范围一排放：

① 提高能源效率，减少能源消耗。

② 使用更清洁的能源，如太阳能、风能等可再生能源。

③ 优化工艺流程，减少工艺排放。

④ 定期维护设备，减少泄漏。

⑤ 采用更环保的运输方式，减少移动源的排放。

### 3.1.2 范围二：电力产生的间接温室气体排放

范围二核算一家企业所消耗的外购电力产生的温室气体排放。外购电力是指通过采购或其他方式进入该企业组织边界内的电力。范围二的排放实际上产生于电力生产设施。

范围二排放来自企业消耗的电力、热力或蒸汽的生成过程。虽然企业不直接控制这些排放源，但它们与企业的活动密切相关。

#### 1. 范围二排放的类型

范围二排放具体包括企业虽然不直接控制，但是与其消耗的能源间接相关的温室气体排放。这些排放主要来源于以下几个方面：

（1）电力消耗：企业使用的电力，如果电力是由燃烧化石燃料产生的，那么电力产生的温室气体排放会被计入范围二。这包括企业购买的电网电力。

（2）热力或蒸汽的消耗：企业使用的外部供应的热力或蒸汽，如果这些热力或蒸汽是由燃烧化石燃料产生的，其产生的排放也属于范围二。

#### 2. 范围二排放的计算步骤

范围二的排放通常通过以下步骤进行计算：

（1）确定企业消耗的电量或热力/蒸汽量。

（2）用第（1）步中得出的企业消耗的电量或热力/蒸汽量，乘以相应的排放因子（通常是每千瓦时电力或每单位热力/蒸汽的温室气体排放量），这个排放因子取决于企业所在地区的电力或热力/蒸汽的生成方式，得出总的间接排放量。

范围二排放是企业温室气体排放的重要组成部分，尤其是对于那些能源消耗量大的企业。通过计算范围二排放，企业可以更好地理解其能源消耗对环境的影响，并采取措施减少这些排放，例如通过提高能效或购买可再生能源电力。

### 3.1.3 范围三：其他间接温室气体排放

范围三是一项选择性报告，考虑了所有其他间接排放。范围三排放是一家企业活动的结果，但并不是产生于该企业拥有或控制的排放源。例如，开采和生产采购的原料、运输采购的燃料以及售出产品和服务的使用。

范围三排放是最广泛的排放范畴，涉及与企业活动相关的所有其他排放，包括但不

限于供应链中的排放、产品使用过程中的排放以及员工通勤产生的排放。

这些范围的设定旨在帮助企业和组织更全面地理解和报告其温室气体排放情况，从而更有效地管理和减少其环境足迹。范围三排放的计量和报告尤其具有挑战性，因为它涉及整个价值链的排放数据，这些数据往往更难以收集和分析。

### 1. 范围三排放的类型

范围三排放涵盖了与企业活动相关的所有其他间接排放源，这些排放源通常超出了企业的直接控制范围。范围三的排放源非常广泛，包括但不限于以下几类：

（1）上游排放。

① 原材料和燃料的生产和运输：包括企业购买的原料、化学品、金属等的生产过程中的排放，以及这些材料运输到企业时的排放。

② 设备和基础设施的制造和运输：企业使用的设备和建筑物的制造和运输过程中的排放。

（2）下游排放。

① 产品使用：企业生产的产品在使用过程中产生的排放。

② 产品寿命结束处理：产品使用完毕后的回收、再利用或废弃处理过程中的排放。

③ 运输和分销：企业产品的运输和分销，包括将产品从生产地运输到消费者手中的过程中的排放。

④ 员工通勤：员工上下班过程中的排放。

⑤ 废物处理：企业产生的废物的处理和处置，包括废物运输、处理和处置过程中的排放。

⑥ 商务旅行：员工因公出差的旅行排放。

⑦ 供应链排放：与企业供应链相关的所有排放，包括供应商和承包商的活动产生的排放。

⑧ 租赁资产和外包服务：企业租赁的资产（如设备、车辆）在使用过程中产生的排放，以及外包服务提供商的排放。

范围三排放的计量和报告比范围一和范围二更为复杂，因为它涉及企业的整个价值链，并且需要大量的数据收集和分析。尽管如此，范围三排放是企业整体环境影响的重要组成部分，因此对于希望全面了解和减少其碳足迹的企业来说，对这些排放进行管理是非常必要的。

### 2. 收集范围三排放数据的基本步骤和方法

范围三排放的数据收集是一个复杂的过程，因为它涉及企业的整个价值链。以下是一些基本步骤和方法，用于收集范围三排放的数据。

（1）确定排放源：首先，企业需要识别所有可能与范围三排放相关的活动，包括供

应链、产品使用、废物处理等。

（2）建立数据收集框架：制定一个框架，明确需要收集的数据类型、来源、收集频率和方法。

（3）收集内部数据：对于商务旅行、员工通勤、废物处理等内部活动，可以通过内部记录和报告系统收集数据。

（4）与供应商合作：对于供应链排放，企业需要与供应商合作，请求他们提供有关原材料生产、产品运输等活动的排放数据。

（5）使用生命周期评估（LCA）工具：生命周期评估工具可以帮助企业评估产品从原材料采集到最终处置的整个生命周期的环境影响。

（6）利用现有数据和方法：使用行业平均数据、排放因子、标准或指南来估算那些难以直接测量的排放。

（7）数据收集方法：向供应商、员工和其他利益相关者发放问卷和调查，以收集相关数据。

（8）直接测量：对于某些活动，可以使用传感器和其他设备直接测量排放。

（9）间接测量：通过能源消耗、材料使用量等间接指标来估算排放。

（10）数据验证：对收集到的数据进行验证，确保其准确性和可靠性。这可能涉及第三方审计或内部审核。

（11）持续监控和更新：定期更新数据，以反映企业活动和环境政策的变化。

（12）使用软件和数据库：利用专门的温室气体排放管理软件和数据库，这些工具可以帮助自动化数据收集、计算和报告过程。

范围三排放的数据收集可能需要时间和资源，但它是企业实现可持续性和减少整体碳足迹的关键步骤。通过这个过程，企业不仅可以更好地了解其环境影响，还可以识别减排机会和改进措施。

### 3. 减少范围三排放的常见策略

减少范围三排放的策略通常需要企业采取全面的、跨价值链的方法。以下是一些常见的策略，企业可以用来减少其范围三排放。

（1）供应链管理：选择低碳供应商，优先考虑那些采用环保实践和减排措施的供应商。与供应商合作，共同开发更环保的产品和材料。优化物流和运输，减少运输距离和次数，使用更高效的运输方式。

（2）产品设计：设计更轻、更耐用、更易于回收的产品。减少产品中的材料使用量，使用可回收或生物降解材料。提高产品的能效，减少使用过程中的排放。

（3）废物管理：实施废物减少和回收计划。优化废物处理过程，减少废物处理产生的排放。

（4）能源效率：提供能源效率更高的产品，减少客户使用过程中的能源消耗。在供

应链中推广节能技术和设备。

（5）促进可持续消费：教育消费者如何更环保地使用和处置产品。提供产品回收服务。

（6）商务旅行和通勤：优化商务旅行计划，减少不必要的出差。鼓励远程工作、视频会议等替代出差的方式。提供员工通勤的替代方案，如公共交通补贴、自行车通勤计划。

（7）外包和租赁：选择低碳的外包服务提供商。租赁或共享资产，以减少整体资源消耗。

（8）碳抵消：通过投资碳抵消项目（如植树造林、可再生能源项目）来补偿无法减少的排放。

（9）政策和目标设定：设定明确的减排目标和时间表。制定相关政策，鼓励整个价值链的减排努力。

（10）教育和培训：对员工、供应商和客户进行可持续性和减排方面的教育和培训。

（11）透明度和报告：公开报告范围三排放的进展，以提高透明度和问责制。

通过这些策略，企业不仅能够减少其范围三排放，还能够提升其在市场上的可持续性形象，增强客户和投资者的信心。

# 3.2 核算与报告各个范围的排放

公司应分别核算和报告范围一和范围二的排放情况。为了提高透明度或比较不同时期的排放情况，企业还可以进一步细分排放数据。例如，它们可以按照业务单元/设施、国家、排放源类型（固定燃烧源、工艺排放、临时排放等）和活动类型（电力生产、电力消耗，出售给最终用户的外购电力的生产等）进行细分。

除《京都议定书》规定的 6 种气体外，各企业也可提供其他温室气体（如《蒙特利尔议定书》规定的气体）的排放数据，从而为《京都议定书》规定的温室气体排放水平的变化提供充分的说明。例如，从一种氟氯碳化物（CFCs）改为一种氢氟碳化物（HFCs），会导致《京都议定书》中规定的气体的排放量增加。（译注：氟氯碳化物比氢氟碳化物对气候变化的影响更强，但氟氯碳化物不是《京都议定书》中受到管制的气体。）《京都议定书》规定的 6 种气体以外的温室气体排放信息，可在温室气体公开报告中独立于各范围单独报告。

核算与报告的三个范围为管理和减少直接与间接排放提供了全面的核算框架。图3-2-1 指出了核算范围与公司价值链上产生直接和间接排放的活动之间的总体关系。

一家公司可以从提高整个价值链的效率中获益。即使没有任何政策推动因素，对其价值链的温室气体排放量进行核算，也可以发现进一步改进效率、降低成本的潜力（例

如，在水泥生产中使用粉煤灰代替熟料，可以减少下游处理粉煤灰废料、上游生产熟料所产生的排放）。即使没有这种"双赢"的选择，减少间接排放也可能比实现范围一的减排更具成本效益。因此，核算间接排放量能够帮助识别在何处配置有限的资源，从而实现温室气体减排和投资回报的最大化。

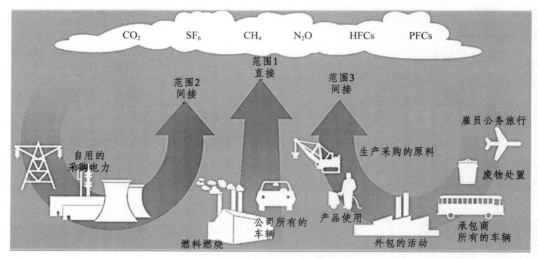

图 3-2-1　活动之间的总体关系图

## 3.3　销售自产电力的排放

出售给其他公司的自产电力的排放，不可以从范围一中扣除。这种处理方式，与其他出售温室气体强度高的产品的核算方法是一样的，例如水泥公司出售熟料或者钢铁公司出售废钢，其生产过程中产生的排放不可以从公司的范围一中扣除，但与销售/传输自产电力有关的排放，可以作为选报信息报告。

各公司在范围二中，报告由其拥有或控制的设备或运营消耗的外购电力所产生的排放。范围二排放是一类特殊的间接排放，对许多公司而言，外购电力是其最大的温室气体排放源之一，也是减少其排放的最主要机会。各公司通过核算范围二的排放，可以评估改变用电方式和温室气体排放成本的相关风险与机会。各公司跟踪这些排放的另一个重要原因是，有些温室气体计划可能要求提供这些信息

各公司可以通过投资能效技术和节能，减少其用电量。此外，新兴的绿色电力市场为一些公司转用低温室气体强度的电力提供了机会。各公司也可以安装高效的现场热电联产设备，尤其是以此替代从电网或电力供应商购买的温室气体强度较高的电力。报告范围二的排放情况，可以实现温室气体排放核算的透明化，并识别减少这类排放的机会所在。

范围二（Scope 2）排放涉及企业使用的电力、热力或蒸汽产生的间接温室气体排放。这些排放是间接的，因为企业不直接控制电力或热力的生产过程，但它们与企业活动密切相关。

以下是范围二排放中与电力产生相关的主要方面。

### 1. 电力消耗

企业使用的电力，如果是由燃烧化石燃料（如煤炭、天然气、石油）的发电厂产生的，那么这些发电活动产生的温室气体排放就会被计入企业的范围二排放。

### 2. 排放计算

范围二排放通常通过以下公式计算：电力消耗量（千瓦时，kW·h）×发电排放因子（通常以每千瓦时产生的二氧化碳当量克数表示）。

### 3. 排放源

发电厂：包括燃煤、燃气、燃油等传统化石燃料发电厂。

核电厂：虽然核能发电不产生二氧化碳，但建设和运营过程中可能会有其他温室气体排放。

水力发电：大型水坝的建设和运营可能会产生甲烷等温室气体。

### 4. 减排策略

① 购买绿色电力：企业可以通过购买可再生能源（如风能、太阳能、水能）电力来减少范围二排放。

② 提升能源效率：提高企业的能源效率，减少电力消耗。

③ 自发电：企业可以安装自己的可再生能源发电设施，如太阳能板或风力涡轮机。

④ 电力购买协议：与可再生能源发电项目签订长期电力购买协议（PPAs）。

### 5. 报告标准

企业报告范围二排放时，通常会遵循《温室气体核算体系》（GHG Protocol）或其他相关标准，这些标准提供了详细的指导和方法来计算和报告范围二排放。

### 6. 市场因素

企业的范围二排放受所在地区的电力结构影响，不同地区的电力来源和排放因子可能会有很大差异。

通过管理范围二排放，企业可以显著减少其整体温室气体排放量，并为全球减排目标作出贡献。

## 3.4　电力传输和配送的间接排放

公共电力公司通常从独立的电力生产商或电网采购电力，然后通过传输和配送系统，转售给最终用户。在向最终用户传输和配送的过程中，要消耗公共事业公司采购的一部分电力（输配损耗）。

根据范围二的定义，拥有或控制输配业务的公司应在范围二中报告输配损耗所产生的排放量，使用外购电力的最终用户则不需要在范围二中报告有关电力输配损耗产生的间接排放，因为它们不拥有或控制发生电力损耗（输配损耗）的传输和配送业务。

这种方法确保避免范围二中的重复核算，因为只有输配公司在范围二中核算了输配损耗的间接排放。这种做法的另一个优点是，允许采用通用排放因子，从而简化范围二排放情况的报告工作，因为在绝大多数情况下通用的排放因子不包括输配损耗。最终用户可以在范围三的"消耗在输配系统中电力的生产"项下，报告输配损耗产生的间接排放。附录一提供了更多核算输配损耗所产生的间接排放的指导。

电力传输和配送过程中的间接排放，是指在电力从发电厂传输到最终用户的过程中产生的温室气体排放。这些排放通常被归类为范围二排放的一部分，因为它们与企业的电力消费间接相关。

以下是电力传输和配送过程中的一些主要间接排放源。

### 1. 传输和配送损失

电力在通过输电线路和配电网络时，由于电阻和其他因素，会导致部分能量损失，这些损失以热能的形式散失到环境中。为了补偿这些损失，需要额外发电，从而产生更多的温室气体排放。

### 2. 设备老化

输电和配电设备的效率会随着使用年限的增加而降低，导致更多的能量损失和排放。

### 3. 维护和修理活动

维护和修理输电和配电设施时，可能会使用燃油设备，从而产生温室气体排放。

### 4. 辅助能源消耗

电力系统运行需要辅助能源，例如用于泵站的电力，这些能源消耗也会产生排放。

### 5. 变压器和变电站

变压器和变电站的运行也会产生少量的排放，尤其是在老化的设备中。减少电力传

输和配送过程中的间接排放的策略包括：

① 提高电网效率：使用更高效的输电和配电技术，减少能量损失。定期维护和升级电网基础设施，以保持最佳性能。

② 采用智能电网技术：采用智能电网技术，优化电力传输和配送，减少损失。实时监控电网状态，快速响应电力需求变化。

③ 推广分布式发电：推广分布式发电，如屋顶太阳能，减少电力长距离传输的需求。

④ 需求侧管理：实施需求响应和能效提升措施，减少高峰时段的电力需求，从而降低传输和配送压力。

⑤ 使用可再生能源：增加可再生能源在电力结构中的比例，减少因发电产生的温室气体排放。

⑥ 优化电网规划，确保电网结构更加高效和可靠。

通过这些措施，可以减少电力传输和配送过程中的间接排放，从而有助于实现更可持续的电力供应和消费。

可再生能源发电是指利用自然界的持续资源来产生电力，这些资源在短期内不会耗尽，并且在发电过程中通常不会产生温室气体排放。以下是一些主要的可再生能源发电方式：

① 太阳能发电：光伏发电（Photovoltaic, PV），通过太阳能电池板将太阳光直接转换为电能。

② 太阳能热发电（Concentrated Solar Power, CSP）：使用镜面或透镜聚焦太阳光来加热流体，产生蒸汽驱动涡轮机发电。

③ 风力发电：通过风力涡轮机将风能转换为电能。

④ 水力发电：利用水流的动能，通过水轮机和发电机产生电力。

⑤ 生物质燃烧发电：通过燃烧生物质（如农业废弃物、木材、能源作物）产生蒸汽，驱动涡轮机发电。生物质气化发电：将生物质转化为可燃气体，然后用于发电。生物质发酵发电（如沼气）：利用生物质发酵产生的沼气作为燃料发电。

⑥ 地热发电：利用地球内部的热能产生蒸汽或热水，驱动涡轮机发电。

⑦ 潮汐能发电：利用潮汐的涨落产生电能。

⑧ 波浪能发电：利用海浪的动能转换为电能。

⑨ 海洋温差能发电：利用海洋表层和深层之间的温差驱动热力循环发电。

⑩ 氢燃料电池：通过氢气和氧气的化学反应产生电能，通常用于小型应用或作为电池的替代品。

这些可再生能源发电方式各有特点，其适用性取决于地理位置、资源可用性、技术成熟度和经济因素。随着技术的进步和成本的降低，可再生能源在全球电力市场中的份额正在逐渐增加。

## 3.5 其他与电力有关的间接排放

一家公司的电力供应商的上游活动（如勘探、钻井、天然气火炬、运输）产生的间接排放在范围三中报告。向最终用户转售的外购电力产生的排放（如电力贸易商），属于范围三"外购并转售给最终用户电力的生产"项下，并可作为"选报信息"，在范围三之外单独报告生产。

除了电力传输和配送过程中的间接排放，还有其他与电力使用相关的间接排放，这些通常也归类为范围二排放。

### 1. 与电力使用有关的其他间接排放源

以下是一些与电力使用有关的其他间接排放源：

（1）电力生产过程中的排放。

冷却水排放：发电厂使用冷却水系统时，可能会释放温室气体，尤其是如果使用开放式冷却塔。

废水处理：发电厂产生的废水处理过程中可能会产生温室气体。

（2）燃料开采和加工。

燃料提取：煤炭、天然气和石油等化石燃料的开采过程中可能会产生排放。

燃料运输：将燃料从开采地运输到发电厂的过程中也会产生排放。

（3）电厂建设和退役。

建设材料：电厂建设过程中使用的材料（如水泥、钢铁）的生产可能会产生排放。

退役和拆除：电厂退役和拆除过程中可能会产生排放。

（4）电力基础设施的制造和安装。

输电线路和变压器：制造和安装输电线路、变压器和其他电力基础设施的过程中会产生排放。

（5）电力需求的弹性。

需求响应：电力需求的波动可能会导致发电厂的效率变化，从而影响排放量。

峰值需求：在电力需求高峰期间，可能会使用效率较低或排放较高的备用发电设施。

（6）电力市场运作。

调度和平衡：电力系统的调度和平衡过程中可能会产生额外的排放，以应对供需变化。

（7）储能系统。

电池储能：电池的制造、充电和放电过程可能会产生排放。

（8）退役和回收。

设备退役：电力生产和配送设备的退役和回收过程可能会产生排放。

## 2. 范围二之外与电力有关的活动排放

（1）开采、生产和运输用于生产电力的燃料（报告公司采购或自产的）；

（2）外购转售给最终用户的电力（由公共事业公司告）；

（3）生产被输配系统消耗的电力（由最终用户报告）。

## 3. 减少与电力相关的间接排放的措施

为了减少这些与电力相关的间接排放，可以采取以下措施：

（1）提高能效：提高电力生产和使用的效率，减少总体能源需求。

（2）使用低碳能源：增加可再生能源在电力生产中的比例。

（3）技术创新：开发和采用新技术，减少电力生产和配送过程中的排放。

（4）生命周期评估：对电力基础设施进行生命周期评估，以识别和减少整个生命周期的排放。

（5）政策和法规：制定和实施政策和法规，鼓励低碳电力生产和消费。

通过这些方法，可以有效地减少与电力使用相关的间接排放，从而有助于应对气候变化和促进可持续发展。

下面几个例子说明了如何核算电力生产、销售和采购的温室气体排放量。

**例 3-5-1** 图 3-5-1 中，A 公司是拥有一家电厂的独立电力生产商。这座电厂每年发电 100 MW·h，排放 20 t 温室气体。B 公司是一家电力贸易商，与 A 公司订有购买其全部发电量的购买合同。B 公司又把采购的电力（100 MW·h）转售给拥有/控制输配系统的公共事业公司——C 公司。C 公司的输配系统消耗电力 5 MW·h，其余 95 MW·h 转售给 D 公司。D 公司是一最终用户，在自己的业务中消耗了所有采购的电力（95 MW·h）。A 公司应在范围一中报告其生产电力的直接排放。B 公司报告应把转售给非最终用户的外购电力的排放量，作为选报信息在范围三之外报告。C 公司应在范围三中，报告转售给最终用户的那部分外购电力产生的间接排放；在范围二中，报告其输配系统消耗的那部分外购电力的间接排放。最终用户 D 应在范围二中报告自己消耗的外购电力产生的间接排放，还可以在范围三中选报上游输配损耗产生的排放。图 3-5-1 说明了对这些交易产生排放的核算。

**例 3-5-2** D 公司安装了一套热电联产机组，将多余的电力出售给邻近的 E 公司使用。D 公司应在范围一中，报告热电联产装置产生的全部直接排放，而它向 E 公司输送电力所产生的间接排放，可由 D 公司作为范围三之外的选报信息单独报告，E 公司则应在范围二中报告消耗购自 D 公司热电联产装置生产的电力所产生的间接排放。

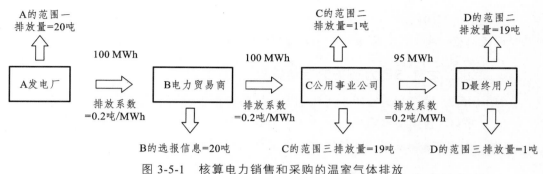

图 3-5-1　核算电力销售和采购的温室气体排放

例 **3-5-3**　某照明公司：核算出售给最终用户的外购电力的排放。

某照明公司（SCL）是市政公共事业公司，向最终用户出售电力，这些电力有的是公司自有水电站生产的，有的是通过长期合同采购的，也有的是在短期市场上采购的。SCL 采用《温室气体核算体系企业标准》第一版，估算了其 2023 年和 2021 年的温室气体排放，而转售给最终用户的净采购电力产生的排放是其排放清单的一个重要组成部分。SCL 按月份和年度跟踪报告出售给最终用户的电量。

SCL 从市场采购电量（单位：MWh）中扣除向市场出售的电量，计算出从市场（代理商和其他公共事业公司）采购的净电量，这样可以全面核算公司整个运营过程产生的全部排放影响，包括与市场和最终用户的相互关系。SCL 每年的发电量高于最终用户的需求，但其产电量不能满足所有月份的用电负荷，于是，SCL 既核算从市场采购的电量，也核算向市场出售的电量，还考量范围三的上游排放，包括天然气生产与输送、SCL 的设施运营、车辆燃料使用和航空差旅。

SCL 相信，对于一个电力公共事业公司而言，出售给最终用户的电量是总排放的一个重要部分。各公共事业公司有必要提供其总排放信息，以交予最终用户，并适当地给他们呈现对供电业务造成的影响。最终用户依靠公共事业公司提供电力，除了在某些情况下，比如绿色电力计划，最终用户对在什么地方买电的问题上没有选择权。SCL 通过给客户提供排放信息，满足了正在编制自己排放清单的客户对信息的需求。

# 3.6　核算范围三的排放

## 3.6.1　碳排放核算范围三：其他的间接温室气体排放

范围三是选择性的，但是它为创新性的温室气体管理提供了机会。各企业可能会重点关注核算和报告那些与其业务和目标相关的活动，以及那些有可靠信息的活动。由于公司有权决定选择哪类信息进行报告，因此可能不能用范围三来对不同公司进行比较（另行出版的《温室气体核算体系：企业价值链（范围三）核算和报告标准》对范围

三的核算进行了标准化的规定。不同企业若需互相比较范围三排放，可按照此标准进行核算）。这一部分提示性地列出了范围三的类别，并提供了关于这些类别的案例。

如果公司拥有或控制相应的排放源（例如，使用公司拥有或控制的车辆运输产品），则某些此类活动就应当纳入范围一。为了确定一项活动是属于范围一还是范围三，公司应当对照其设定其组织边界时选定的合并方法（股权法或控制权法）进行判断。

在温室气体排放的核算中，确定某项活动是属于范围一还是范围三，需要根据公司设定的组织边界和所采用的合并方法来判断。以下是关于这一判断过程的详细解释。

### 1. 组织边界和合并方法

公司在设定组织边界时，可以选择以下两种主要的合并方法：

（1）股权法（Equity Method）。

根据这种方法，公司只核算其拥有超过50%股权的实体所产生的排放。

如果公司拥有或控制的车辆运输产品，且这些车辆属于公司拥有超过50%股权的子公司，那么这些排放将被纳入范围一。

（2）控制权法（Control Method）。

根据这种方法，公司核算所有其拥有控制权的实体所产生的排放。

即使公司不拥有超过50%的股权，只要它对车辆运输活动拥有控制权（例如，通过合同或其他管理安排），这些排放也会被纳入范围一。

### 2. 判断过程

为了确定一项活动是否属于范围一，公司应遵循以下步骤：

（1）确定活动的性质：识别活动是否涉及直接排放源，例如车辆运输。

（2）评估组织边界：确定公司的组织边界，即哪些实体被包括在公司的温室气体排放核算中。

（3）应用合并方法：根据选定的合并方法（股权法或控制权法），判断公司是否拥有或控制该活动。

（4）分类排放：如果公司拥有或控制该活动，且该活动直接产生温室气体排放，则将其分类为范围一。如果公司不拥有或控制该活动，但该活动与其业务相关，则可能被分类为范围三。

### 3. 举例

范围一：公司拥有自己的运输车队，用于运输产品，且这些车辆属于公司或其全资子公司，那么这些车辆的排放属于范围一。

范围三：如果公司通过第三方物流服务提供商进行产品运输，且公司没有对这些运输活动实施控制，则这些排放通常属于范围三。

通过这种判断过程，公司可以准确地分类其温室气体排放，从而更好地管理和减少其碳足迹。

## 3.6.2 核算范围三排放的步骤

核算范围三的排放时（见图 3-6-1），不必全面分析所有产品和业务的温室气体寿命周期，通常关注一到两项产生温室气体的主要活动就有一定意义。虽然就排放清单中应当包括哪些范围三的排放提供一般性指导有一些困难，但可以列出一些通常的步骤，具体如下。

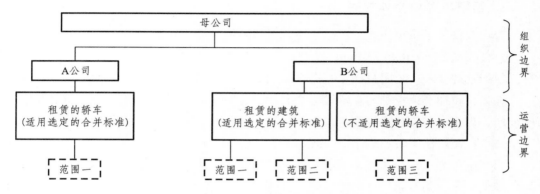

图 3-6-1　核算租赁资产的排放

### 1. 描述价值链

由于评估范围三的排放不要求对整个寿命周期作出评估，因此为了保证透明性，对价值链和相关的温室气体排放源做全面描述很重要。对于这一步骤，列出的范围三类别可用作核对清单。各公司通常会面临要将多少级的上游和下游纳入范围三的选择，考虑企业的排放清单或商业目标以及不同范围三类别之间的相关性，可以帮助做出选择。

### 2. 确定哪些范围三的类别是相关的

只有某些上游或下游的排放类别可能与企业有关。认定相关性有多个依据：

（1）与企业的范围一和范围二的排放相比，上、下游的排放量更大（或被认为是更大的），它们会增加企业的温室气体风险。

（2）关键利益相关方认为它们很重要，例如来自客户、供应商、投资人或市民的反馈信息。

（3）存在公司可实施或施加影响以减少排放的潜在机会。

下面的例子可以帮助确定哪些范围三的类别与公司有关。

（1）如果使用公司的产品需要化石燃料或电力，则产品使用阶段的排放可能是相关的报告类别。如果公司能够影响产品设计特性（如能源效率）或者影响客户行为，从

而减少产品在使用过程中的温室气体排放量，这将特别重要。

（2）评估范围三的排放时往往要考虑外包活动。如果外包活动以前在公司范围一或范围二的排放中占重要比例，则核算时计入外包活动是特别重要的。

（3）如果在使用或制造的产品（如水泥、铝）在重量或组成方面，温室气体强度高的原料占很大比例的话，则各公司应考虑是否有可能减少这类产品的消耗或以温室气体强度较低的原料代替。

（4）大型制造公司在把采购原料运往集中生产厂的过程中，可能产生大量的排放。

（5）大宗商品和消费品生产公司可核算运输原料、产品和废物产生的温室气体排放。

（6）服务类公司可报告其职员差旅产生的排放，这种排放源对其他类型的公司（如制造类公司）而言可能微不足道。

例 3.6.1  Express Nordic：核算外包运输服务的企业商业案例。

作为北欧的主要运输与物流公司，Express Nordic 提供大量的装卸和特种运输服务，提供世界范围的快递包裹和文件递送服务，以及专递、快递、包裹、系统化和特殊化商业服务。该公司参加气候变化企业领导人倡议组织后发现，它在瑞典境内 98% 的排放源自其外包合作运输企业的货物运输。作为分包付款方案的一部分，公司要求每个合作方提供车辆使用、行驶距离和燃料效率方面的数据以及基础数据。基于这些数据，公司用量身定做的计算工具计算外包运输的排放总量，具体了解范围三的排放情况。公司将数据与具体的承运人联系起来，可以查看各承运人的环保绩效，并根据各承运人的排放绩效作出决策。在范围三中，承运人的排放绩效也被看作 DHL 自己的绩效。

通过在整个价值链中纳入范围三并促进温室气体减排，Express Nordic 提高了其排放足迹的相关性，增加了减少排放影响的机会，增强了识别节约成本机会的能力。如果没有范围三，Express Nordic 将无法获得了解和有效管理其排放所需的大量信息。

### 3. 识别价值链上的合作伙伴

识别在价值链上可能产生大量温室气体排放的合作伙伴，如客户/用户、产品设计单位/制造商、能源供应商等，这对尝试确认排放源、获取相关数据和计算排放量很重要。

### 4. 量化范围三的排放

当数据的可获得性和可靠性可能会影响将范围三的哪些活动纳入排放清单时，可以适当降低数据的准确性，因为了解范围三活动的相对数量和可能的变化或许更为重要。只要估算方法是透明的，用于分析的数据足以支持编制排放清单的目的，估算的排放量便是可接受的。范围三的排放量往往难以核查，仅在数据质量可靠的情况下才会被认可。

例 **3.6.2** 家居公司：往返零售店的顾客交通。

宜家家居公司是一家国际家具与家庭装饰用品零售商。它在参加气候变化企业领导人倡议后清楚看到，与其范围一和范围二的排放相比，其顾客交通产生的排放很大，于是决定将这一排放纳入范围三。此外，这些排放与宜家店铺的业务模式密切相关。受宜家店铺选址和仓储式零售概念的直接影响，顾客到达店铺的路程往往很长。

公司根据对选定商店顾客的调查，计算顾客的交通排放。公司向顾客询问他们到商店的距离（根据住所的邮政编码），自用车搭载顾客的人数当天在购物中心的顾客打算去其他商店的数量，以及他们是否可以使用公共交通到达商店。宜家将这些数据外推到所有店铺，并用距离乘以每个国家的平均汽车使用效率，算出范围三的顾客交通占到公司排放清单总量的 66%。基于这些信息，为了大幅减少未来范围三的温室气体排放，宜家考虑为其现有和新的商店开发公共交通和送货上门等服务。

# 3.7　租赁资产、外包和特许

选定的合并方法（股权比例法或财务控制权法）也适用于核算和区分合同活动产生的直接与间接温室气体排放，例如租赁资产、外包和特许。如果上述活动按选定的合并方法不在边界内，公司可以在范围三下核算租赁资产、外包和特许产生的排放。

## 3.7.1　基本概念

### 1. 租赁资产

租赁资产（Leased Assets）是指企业通过租赁协议使用但不拥有其所有权的资产。租赁可以是经营租赁或融资租赁。经营租赁通常期限较短，租赁期满后资产归还给出租方，企业不承担资产的全部风险和收益。融资租赁期限较长，类似于购买，租赁期末企业通常有权选择购买资产，企业在租赁期间承担资产的主要风险和收益。

### 2. 外包

外包（Outsourcing）是指企业将某些业务功能或过程委托给外部供应商或服务提供商来执行的行为。这些功能或过程原本是由企业内部完成的。外包有如下特点：

① 成本效益：通过外包，企业可以降低成本、提高效率和专业性。

② 专注核心业务：企业可以将资源集中在核心竞争力和战略目标上。

③ 风险管理：外包可以转移某些业务风险，如市场变化、技术更新等。

### 3. 特许

特许（Franchising）是一种商业扩张模式，特许权授予方（特许人）允许特许权接

受方（受许人）使用其商标、商业模式和运营系统来经营业务。特许有如下特点：

① 品牌和模式：受许人使用特许人的品牌和经营模式，享有品牌知名度和成熟的运营体系。

② 自主经营：受许人通常独立经营，自负盈亏，但需遵守特许人设定的标准和规则。

③ 特许费用：受许人通常需要向特许人支付初始加盟费和持续的特许权使用费。

这些概念在企业的战略规划和日常运营中扮演重要角色，它们可以帮助企业优化资源配置、降低成本、提高市场竞争力。同时，它们也带来了特定的法律、财务和管理挑战，需要企业谨慎处理。

### 3.7.2　租赁资产的具体指南

关于租赁资产的具体指南如下：

#### 1. 采用股权比例法或财务控制权法

承租人只核算在财务会计中当作全资资产处理的并在资产负债表上照此记录的租赁资产（即融资租赁或资本租赁）的排放。

在企业合并财务报表的编制过程中，采用股权比例法或财务控制权法来确定合并范围是一个关键步骤。这两种方法在不同的情况下有不同的应用，下面分别解释这两种方法。

（1）股权比例法（Equity Method）。

股权比例法是指根据公司持有的被投资公司股权比例来确定合并范围的方法。这种方法通常用于长期股权投资，即当公司持有被投资公司超过 20%但低于 50%的股权时。股权比例法的特点如下：

① 投资回报：根据持股比例确认投资收益。

② 账面价值：通常按照被投资公司的账面价值来记录投资。

③ 影响程度：股权比例法适用于对被投资公司有重大影响但不是完全控制的情况。

（2）财务控制权法（Control Method）。

财务控制权法是指根据公司对被投资公司的财务控制程度来确定合并范围的方法。这种方法适用于公司对被投资公司具有完全控制权的情况。财务控制权法的特点如下：

① 完全控制：公司能够对被投资公司的财务和经营决策产生重大影响。

② 合并报表：在财务报表中，被投资公司的财务信息被合并到投资公司的财务报表中。

③ 会计处理：被投资公司的资产、负债、收入和费用都会被纳入投资公司的财务报表。

### 2. 选择合并方法

股权比例法适用于公司持有被投资公司超过 20%但低于 50%的股权，且对被投资公司有重大影响的情况。

财务控制权法适用于公司持有被投资公司 50%或以上的股权，或者虽然没有达到50%的股权，但通过其他方式（如协议、董事会控制等）能够对被投资公司进行财务控制的情况。

选择合适的合并方法对于准确反映企业集团的财务状况和经营成果至关重要。企业应根据其持有的股权比例和实际的财务控制情况来决定采用哪种方法。在某些情况下，企业可能需要咨询会计师或财务顾问，以确保合并方法的适用性和合规性。

采用运营控制权法：承租人只核算由其运营的租赁资产产生的排放（即适用运营控制权标准）。

在企业合并财务报表的编制过程中，采用运营控制权法（Operational Control Method）并不是一个标准的会计术语。通常，企业合并财务报表的编制方法包括两种主要类型：完全合并法和比例合并法。

（1）完全合并法（Full Consolidation）。

完全合并法是指将合并方的所有资产、负债、收入和费用与被合并方完全合并，形成一个统一的财务报表。这种方法适用于母公司对子公司的财务控制权。完全合并法的特点如下：

① 完全合并：母公司的财务报表与子公司的财务报表完全合并。

② 会计处理：母公司的资产、负债、收入和费用与子公司的资产、负债、收入和费用合并。

③ 管理控制：母公司对子公司有管理控制权。

（2）比例合并法（Proportional Consolidation）。

比例合并法是指根据母公司持有的子公司的股权比例，将子公司的财务信息按照比例纳入母公司的财务报表。这种方法适用于母公司对子公司的财务控制权较弱的情况。比例合并法的特点如下：

① 比例合并：母公司的财务报表与子公司的财务报表按照股权比例合并。

② 会计处理：母公司的资产、负债、收入和费用与子公司的资产、负债、收入和费用按照股权比例合并。

③ 管理控制：母公司对子公司的财务控制权较弱。

在实际操作中，企业应根据其持有的股权比例和实际的财务控制情况来决定采用哪种合并方法。如果企业对子公司的运营有重大影响，但不足以达到财务控制权，则可能需要采用比例合并法。然而，如果企业能够对子公司的财务和经营决策产生重大影响，则可能需要采用完全合并法。

需要注意的是，会计准则和法规可能会影响合并方法的适用性。企业应根据适用的会计准则和法规来确定合并方法，并确保合并财务报表的准确性和合规性。

### 3. 核算租赁资产排放时应了解的关键点

在核算企业租赁资产的温室气体排放时，确实需要区分运营性租赁和融资性租赁，因为这两种租赁在财务会计和碳排放核算中有着不同的处理方式。以下是会计人员在核算租赁资产排放时应向公司会计人员咨询的关键点：

（1）租赁协议条款。确定租赁协议中关于租赁期限、租金支付、资产所有权、维护责任、资产处置等条款。

（2）租赁分类。根据租赁协议的条款和条件，确定租赁是运营性租赁还是融资性租赁。咨询会计人员关于如何根据国际财务报告准则（IFRS）或美国通用会计准则（GAAP）来分类租赁。

（3）租赁资产的所有权。

融资性租赁中，租赁方通常承担租赁资产的全部风险和回报，因此在财务报表上被视为自有资产。

运营性租赁中，租赁方通常不承担租赁资产的所有风险和回报，因此在财务报表上不被视为自有资产。

（4）碳排放核算。

对于融资性租赁，租赁资产的所有权被视为租赁方的，因此其排放应计入租赁方的范围一排放。

对于运营性租赁，租赁资产的所有权不属于租赁方，因此其排放通常不计入租赁方的范围一排放，而是可能计入范围三排放，尤其是如果租赁方对租赁资产的使用有显著影响。

（5）租赁资产的维护和运营。

咨询会计人员关于租赁资产的维护和运营责任，因为这些活动可能会产生温室气体排放。

（6）租赁资产的处置。

确定租赁协议中关于资产处置的条款，因为资产的处置可能会产生排放。

通过与会计人员的沟通和咨询，企业可以确保其租赁资产的碳排放核算准确无误，符合会计准则和碳排放核算的要求。这有助于企业更好地管理其碳排放，并制定相应的减排策略。

核算人员应向公司会计人员咨询哪些租赁是运营性租赁、哪些是融资性租赁。通常，在融资租赁关系中，一方得到租赁资产的所有回报和承担全部风险，资产视为该方全部所有，并在资产负债表上照此记录。不符合这些标准的一切租赁资产都是运营性租赁，该部分为租赁资产产生的排放。

# 3.8 重复计算

经常有人担心，当两家不同的公司将同一排放分别计入各自的排放清单时，核算间接排放会导致重复计算。是否会发生重复计算，取决于拥有共有所有权的公司或温室气体计划管理机构在设定组织边界时，选用同一方法（股权比例法或控制权法）的一致程度。重复计算是否是一个问题，还取决于如何使用报告的信息。

当两家不同的公司将同一排放源的排放分别计入各自的排放清单时，确实可能会发生重复计算的问题。这种情况下，如果两家公司对排放源的所有权或控制权划分不一致，或者采用的核算方法（股权比例法或控制权法）不一致，就可能导致重复计算。

## 3.8.1 重复计算的可能情况

### 1. 所有权划分不一致

两家公司可能对同一排放源拥有部分所有权，但各自计算时未考虑对方的所有权比例。例如，A 公司持有排放源的 50%，B 公司持有 50%，但 A 公司只计算了自身拥有的部分排放，而 B 公司也只计算了自身拥有的部分排放。

### 2. 核算方法不一致

两家公司可能对同一排放源采用不同的核算方法，如 A 公司采用股权比例法，B 公司采用控制权法。这可能导致 A 公司将排放计入范围一，而 B 公司将排放计入范围二或范围三。

## 3.8.2 防止重复计算的方法

（1）统一核算方法。拥有共有所有权的公司或温室气体计划管理机构应采用相同的核算方法（股权比例法或控制权法）。这样可以确保对排放源的所有权划分和核算方法的一致性，从而减少重复计算的可能性。

（2）明确组织边界，确保所有相关的排放源都被纳入核算范围内。组织边界应涵盖所有拥有或控制排放源的公司。

（3）协调沟通。拥有共有所有权的公司之间应进行协调沟通，确保对排放源的核算方法一致。可以考虑建立共同的管理机构或协议来统一核算方法。

（4）避免单独报告。如果两家公司都是同一温室气体计划的一部分，应避免单独报告排放，而是通过计划管理机构统一报告。

重复计算可能导致温室气体排放总量被高估，从而影响企业的减排目标和政策的制

定。因此，为了避免重复计算，需要采取上述措施来确保排放核算的一致性和准确性。

按照《京都议定书》，编制全国性（国家）排放清单时要避免重复计算，但这些清单通常是以自上而下方式、采用国家经济数据编制的，而不是以自下而上方式汇总各公司的数据。履约体制更可能关注"排放点"的排放量，即直接排放和/或用电产生的间接排放。对于温室气体风险管理和自愿报告而言，重复计算不是那么重要。如果想参与温室气体市场或获得温室气体信用额度，则不可能让两个组织对同一排放商品主张所有权。因此作出充分的规定以确保参与公司之间不会出现这种情况是十分必要的。

# 3.9 范围与重复计算

《企业标准》旨在避免不同公司重复核算范围一和范围二的排放量。例如，A 公司（电力生产商）的范围一排放可以算作 B 公司（电力最终用户）的范围二排放，但是，只要 A 公司和 C 公司（A 公司的合作单位）在合并排放量时采用相同的控制权法或股权比例法，A 公司的范围一排放就不会被算作 C 公司的范围一排放量。

同样，范围二的定义不允许重复计算该范围的排放，即不同的两家公司不能都核算采购同一电力的排放。对于管制电力最终用户的温室气体贸易计划而言，避免范围二排放中的这种重复计算是很有用的。

用于温室气体贸易等外部计划时，范围一和范围二的严格定义，加上设定组织边界时一致采用控制权法或股权比例法，使得只能有一家公司对范围一或范围二的排放行使所有权。

## 1. 世界资源研究所（WRI）：估算职员通勤排放的创新方法

世界资源研究所长期以来一直通过内部减排措施和外部购买抵减额度的办法，努力将其每年的温室气体排放量减少到零。世界资源研究所的排放清单包括与消耗外购电力有关的范围二的间接排放，和与商务航空旅行、职员通勤以及纸张使用有关的范围三的间接排放。世界资源研究所没有范围一的直接排放。

搜集世界资源研究所 140 名职员的通勤数据是一项颇具挑战的任务，采用的方法是每年调查一次职员的正常通勤习惯。在开展调查的前两年，世界资源研究所在内部网络上设置了所有职员可共用的 Excel 工作表，但参与率只有 48%。在第三年，它采用了简化的网络调查方式，工作表可下载，使参与率提高到 65%。它又根据针对问卷设计的反馈意见，进一步简化和提炼了调查问题，使用户更便于操作，并将填写问卷所需的时间缩短到 1 分钟以内，使职员的参与率提升到 88%。

设计的调查问卷易于操作，问题简单明了，可以大大提高职员通勤活动数据的完整

性和准确性。一个额外收获是，职员因为参与排放清单编制过程而产生了某种自豪感，这也提供了加强内部沟通的机会。

世界资源研究所还制定了一份与《企业标准》相符的指南，帮助基于办公室的机构了解如何跟踪和管理它们的排放情况。《朝九晚五为气候：办公室指南》附有一组计算工具，其中之一是采用调查方法估算职员的通勤排放量。该指南和计算工具可以从温室气体核算体系文件查阅。

在美国，运输类排放是增长最快的温室气体排放类别，包括商业、公务和私人旅行以及通勤。通过核算通勤排放，各公司会发现有多种可行的机会来减少此类排放。例如，世界资源研究所在迁到新的办公地点时，选择了靠近公交站点的一幢建筑，减少了职员开车上班的必要性。在租约的条款中，它还为那些骑车上班的职员争取到了一间带锁的自行车存放室。最后，在家上班避免或减少了出行需要，从而大大降低了通勤排放。

### 2. ABB 计算电器产品使用阶段的排放

ABB 是总部设在瑞士的一家能源与自动化技术公司，生产电路开关和电力传动器等多种工业电器及设备。ABB 已经表示将发布《环保产品声明》（EPD），对其全部核心产品开展基于寿命周期的评价，作为公司的一项目标。作为这项承诺的一部分，ABB 采用一种标准计算方法和一组假设，报告其不同产品在制造和使用阶段的温室气体排放情况。例如，按照 15 年的预期寿命和每年平均运行 5 000 h，计算 ABB 的 4 kW DriveIT 型低压交流驱动器在产品使用阶段的排放量。把这些运行数据乘以经济合作与发展组织（OECD）国家的平均电力排放因子，便得出该产品在寿命周期内使用阶段的总排放量。

与制造排放相比，产品使用阶段的排放占这类驱动器整个寿命周期排放量的 99% 左右。这类排放量巨大，且 ABB 对这类设备的设计与运行情况都有控制权，这显然使 ABB 公司可以通过提高产品效率，或帮助客户设计优化使用其产品的整个系统，对客户的排放产生重要影响。通过明确界定和量化重要的价值链排放，ABB 已经深入了解并影响了它的排放足迹。

## 3.10  本章注释

（1）本书使用的"直接"和"间接"这两个术语不应与各国温室气体排放清单中的用法混淆，后者的"直接"指《京都议定书》规定的 6 种气体，"间接"指原始化合物（氮氧化物、非甲烷挥发性有机物和一氧化碳）。

（2）本章中"电力"一词是电力、蒸汽和热力/冷气的简称。

（3）对某些一体化生产工艺而言，如氨气生产，可能无法把工艺过程产生的温室气体排放与电力、热力或蒸汽生产产生的温室气体排放区分开来。

（4）绿色电力包括可再生能源和特定的清洁能源技术，与向电网供电的其他能源相比，这类清洁能源技术能减少温室气体排放。绿色电力包括太阳光电板、地热能、垃圾填埋场气体和风力发电机组等。

（5）输配系统包括输配线路和其他输配设备，如变压器。

（6）"采购的原料和燃料"是指通过采购或以其他方式进入公司组织边界的原料或燃料。

# 第4章　二氧化碳捕集、封存及利用技术

## 4.1　量化与报告概述

### 4.1.1　MRV（Measurement, Reporting and Verification）制度

#### 1. MRV 制度简介

MRV 制度是国际上碳交易体系建立的基石，也是碳交易体系构建的重要环节。组织作为碳交易市场的参与主体，其主要职责是根据内部程序或计划，对温室气体排放数据进行监测和量化，并按照年度报告温室气体排放结果，接受第三方核查机构的核查。制定温室气体量化与报告技术文件，可有效地指导组织提交准确而全面的温室气体排放数据和信息。深圳市针对组织温室气体量化和报告，出台了 SZDB/Z69-2012《组织的温室气体排放量化和报告规范及指南》和《深圳市市场监管局关于明确企业碳核查工作技术要求的通知》（深市监认字[2012]（11）号）等文件，对组织层次温室气体的量化与报告工作进行规范。《深圳市碳排放权交易管理暂行办法》中规定，控排单位应依据温室气体排放量化与报告标准，对本单位的年度碳排放进行量化，并于每年 3 月 31 日前通过温室气体排放信息管理系统提交给主管部门。

MRV 制度是碳市场运作的关键组成部分，它确保了温室气体排放的准确监测、报告和核查，从而为碳交易提供了一个公平、透明和可信赖的环境。

测量（Measurement）是指对温室气体排放进行量化，包括排放源的识别、排放量的计算和监测。企业需要建立有效的监测系统，以确保排放量的准确测量。

报告（Reporting）是指企业按照规定的格式和时间要求，向监管机构提交温室气体排放的报告。报告应包括排放量、排放源、监测方法等信息。

核查（Verification）是指对企业的温室气体排放报告进行独立的外部审核，以确保报告的准确性和可靠性。核查通常由第三方认证机构完成，他们会检查企业的测量和报告过程，并验证排放量计算的准确性。

MRV 制度有助于提高碳市场的效率和可信度，因为它确保了企业排放数据的准确性和透明度。这有助于建立一个公平的竞争环境，鼓励企业采取减排措施，并为碳交易

提供了一个可靠的框架。

在全球范围内，MRV 制度已被广泛应用于碳交易体系，如欧盟排放交易系统（EU ETS）、加州空气资源委员会（CARB）的温室气体减排交易计划等。这些体系的成功运作依赖于严格的 MRV 制度，以促进温室气体减排和应对气候变化。

在碳交易体系中，MRV 制度的作用是确保温室气体排放的透明度、准确性和可核查性。MRV 制度为碳交易提供了必要的信任和信用，使得碳市场能够有效运作。

**2. MRV 制度在碳交易中的关键作用**

（1）透明度：MRV 制度要求企业公开其温室气体排放数据，提高了整个碳市场的透明度。企业需要定期报告其排放量，这些报告可以被公众、监管机构和市场参与者访问。

（2）准确性：MRV 制度要求企业使用标准化的测量和计算方法来确定其温室气体排放量，这样可以减少因采用不同方法或数据而导致的排放量计算差异。

（3）可核查性：MRV 制度中的核查过程确保了企业报告的准确性。第三方核查机构会对企业的排放报告进行审查，确保其符合既定的标准和规则。

（4）合规性：MRV 制度有助于监管机构监控企业的排放行为，确保它们遵守碳交易体系的规定。通过 MRV，企业可以证明其排放量符合碳配额的要求，或者可以通过购买额外的配额来弥补不足。

（5）市场效率：透明的 MRV 数据可以帮助市场参与者更好地理解市场动态和排放风险。这有助于价格发现和提高市场效率。

（6）减排激励：MRV 制度通过确保企业对其排放负责，激励它们采取减排措施。企业可以通过减少排放来降低成本或获得额外的收入。

MRV 制度是碳交易体系有效性的关键组成部分，它为碳市场提供了必要的信任和信用，使得企业能够在一个公平、透明和可信赖的环境中交易碳排放权。

## 4.1.2　核查机构在碳交易体系中的工作

核查机构在碳交易体系中的工作主要包括以下几个方面：

（1）接受委托。核查机构通常由碳交易体系的管理机构或监管机构认证，并接受企业的委托对其温室气体排放报告进行核查。

（2）文件审查。核查机构首先审查企业提交的温室气体排放报告，包括排放量计算方法、数据来源、监测计划等。

（3）现场审核。如果需要，核查机构会进行现场审核，以验证企业报告的数据和操作过程。现场审核可能包括对排放源的观察、测量设备的检查、记录的审查等。

（4）数据验证。核查机构会对企业报告的数据进行验证，确保数据的准确性和完整性。核查人员可能会使用统计分析、排放因子验证、排放量计算方法的一致性检查等方法。

（5）编写核查报告。核查完成后，核查机构会编写一份详细的核查报告，总结核查过程、发现的问题以及核查结果。报告通常会包括对报告期内企业温室气体排放量的确认或修正建议。

（6）提交报告。核查机构将核查报告提交给碳交易体系的管理机构或监管机构，以及企业本身。报告的提交通常需要遵守特定的格式和时间要求。

（7）持续监督。在某些情况下，核查机构可能会对企业的温室气体排放进行持续监督，以确保长期遵守碳交易体系的要求。

核查机构的工作对于确保碳交易体系的公正性和有效性至关重要。它们通过独立、专业的核查过程，为企业提供了排放报告的信任基础，同时也为监管机构提供了监督和评估企业排放行为的工具。

## 4.1.3　量化与报告的原则

根据深圳市 SZDB/Z 69-2012《组织的温室气体排放量化和报告规范及指南》标准化指导性技术文件要求，企业在进行温室气体量化与报告过程中应遵循五个基本原则：相关性、完整性、一致性、准确性和透明性。在实际操作过程中，可能会遇到一些模糊而难以分辨的情况，这五个原则的应用有助于处理这些情况。

（1）相关性。企业在进行温室气体量化与报告时，应根据目标用户的需求选择相关的数据和方法学开展工作。例如在深圳碳排放权交易框架下，企业应根据深圳市标准化指导性技术文件和主管部门的要求，确定组织边界和运行边界、选择量化方法、收集活动数据和确定排放因子等。

（2）完整性。企业应全面披露组织温室气体排放信息，不应遗漏组织边界中的任何排放源。量化与报告的对象应包括组织边界内所有的温室气体排放源，并完整地收集活动数据，从而完成组织温室气体排放的量化。

（3）一致性。温室气体的量化方法、数据获得的方式、不确定性控制的技术手段等应尽量保持一致，以确保通过该方法学核算出的温室气体排放信息能够在不同企业层面进行合理的换算、合并、对比等处理，最终满足目标用户的要求。

（4）准确性。企业准确地报告温室气体排放数据和信息，有助于企业本身或目标用户进行有效的决策。因此，温室气体排放量的核算应采用系统化的量化方法学，不高估也不低估排放量。也就是说，企业应尽可能选择优先级更高的方法，并依据满足相关要求的实测数据，以减少结果的不确定性，准确地体现本企业的温室气体排放量。

（5）透明性。温室气体报告上的数据应以真实并清晰的方式展现出来。根据公布的相关信息，可还原企业的温室气体排放情况，并满足内部或外部核查的要求。然而，如果透明性要求与政府相关政策相违背，应遵循相关法律法规。例如，如果政府为温室气体排放信息设定保密级别，应按规定进行保密。对组织而言，部分涉及机密或知识产权

的资料，这些信息和数据也应该受到保护而不予公开。

### 4.1.4 量化与报告的流程

组织开展量化和报告工作包括建立体系及设定边界、量化温室气体排放和数据管理三步，具体流程可参考图 4-1-1。

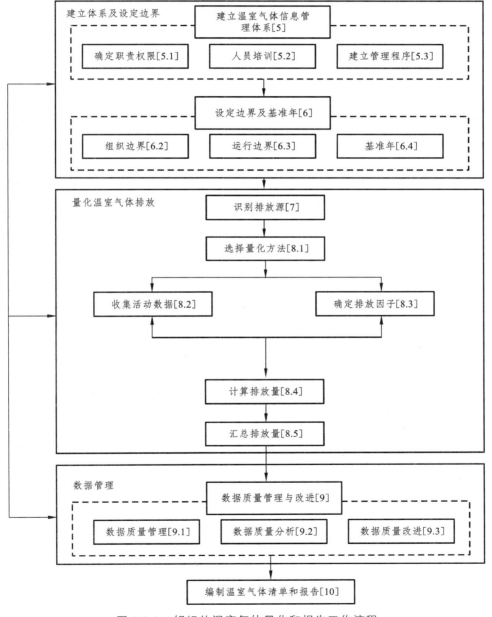

图 4-1-1 组织的温室气体量化和报告工作流程

### 1. 建立体系及设定边界

确定温室气体排放的核算范围，包括范围一、范围二和范围三的排放源。定义组织边界，即哪些活动、资产和过程将被纳入核算。制定温室气体排放的核算和报告政策，包括数据收集、记录和报告的标准和程序。

### 2. 量化温室气体排放

识别组织内的所有排放源，包括直接排放（范围一）和间接排放（范围二和范围三）。选择适当的核算方法和技术，如生命周期评估（LCA）或温室气体排放因子。收集和分析相关数据，计算排放量，并确保数据的一致性和准确性。

### 3. 数据管理

建立和维护一个系统来收集、存储、分析和报告温室气体排放数据。确保数据的保密性和安全性，遵守相关法律法规。定期审查和更新数据管理流程，以适应组织变化和新的排放源。

这三个步骤共同构成了一个完整的温室气体核算和报告体系，帮助组织量化其温室气体排放，并制定相应的减排策略。通过这个过程，组织可以更好地理解其环境足迹，并向利益相关者展示其可持续发展努力。

组织的温室气体量化和报告工作流程通常包括以下几个关键步骤：

（1）制定温室气体管理计划。确定组织对温室气体排放的关注和目标；制定温室气体管理政策和目标；确定组织边界和核算范围，包括范围一、范围二和范围三的排放源。

（2）建立温室气体核算团队。指定一个负责温室气体核算和报告的团队，团队成员应具备相关领域的专业知识和技能。核查组人员组成情况和任务分工如表 4-1-1 所示。

表 4-1-1　核查组人员组成及分工情况

| 序号 | 核查员 | 职　务 | 核查工作分工 |
|---|---|---|---|
| 1 | A | 组　长 | 确定核查边界及主要排放源设施，统筹核查计划及进度安排。负责排放量核算校核及质量控制工作 |
| 2 | B | 组　员 | 负责收集各类能源统计报表（年度、月度）及生产记录、结算单据，进行交叉验证并编制核查报告 |
| 3 | C | 组　员 | 负责核算二氧化碳排放量，并对主要排放源设施及主要计量设施进行现场拍照，协助数据核实及排放核算 |
| 4 | D | 技术审核 | 对企业温室气体排放核查报告进行技术审核 |
| 5 | E | 审　定 | 审定批准 |

（3）收集与温室气体排放相关的数据，包括能源消耗、废物产生、交通出行等。确保数据来源可靠、准确和完整。

核查组基于文件审核的发现识别了现场核查中需要重点关注的排放源，基于自身的风险考虑，在现场核查实施的抽样情况如表 4-1-2 所示。

表 4-1-2　现场核查抽样描述

| 类别 | 子类别 | 排放源 | 证据及抽样比例 |
|---|---|---|---|
| 范围一　能源直接温室气体排放 | 固定燃烧排放 | 柴油（紧急发电机） | 1. 2024 年度柴油使用记录表 1 张；<br>2. 2024 年柴油采购单 2 张、收款收据 2 张，100% 抽样 |
| | | 柴油（锅炉） | 1. 2024 年度柴油使用记录表 1 张；<br>2. 2024 年柴油采购单 2 张、收款收据 2 张，100% 抽样 |
| | | 液化石油气（加工） | 1. 2024 年液化石油气记录表 1 张；<br>2. 2024 年液化石油气领料单 2 张，100% 抽样 |
| | 移动燃烧排放 | 汽油（公务车） | 1. 2024 年 1 月~12 月加油卡明细 10 份；<br>2. 2024 年 1 月~12 月公司加油卡加油记录；<br>3. 中石化开具加油发票 12 张，100 抽样 |
| | | 柴油（公务车） | 1. 2024 年度柴油使用记录表 1 张；<br>2. 2024 年柴油采购单 2 张、收款收据 2 张，100% 抽样 |
| | | 柴油（叉车/其他用途） | 1. 2024 年度柴油使用记录表 1 张；<br>2. 2024 年柴油采购单 2 张、收款收据 2 张，100% 抽样 |
| | 过程排放 | / | |
| | 逸散排放 | 二氧化碳灭火器 | 2024 年 1 月~12 月未使用，只识别不量化 |
| 范围二　能源间接温室气体排放 | 外购电力 | 电力 | 1. 2024 年 1~12 月供电局电费通知单 24 张；<br>2. 2024 年 1~12 月供电局开具电费发票 12 张；<br>3. 2024 年度企业内部抄表记录；<br>4. 外租企业用电量通知单及发票 13 份，100% 抽样 |

（4）量化温室气体排放。使用合适的温室气体核算方法和技术，如生命周期评估（LCA）或温室气体排放因子，计算直接排放（范围一）、间接排放（范围二）和价值链排放（范围三）。

例 4-1-1　采用运行控制权法确定的与位于深圳市电气（深圳）有限公司所有与排放 $CO_2$ 相关的活动。包括 3 栋厂房和 1 栋办公楼等所有用电设施，以及公务车（汽油）、

中巴车（柴油）、粉碎机（柴油）、叉车（柴油）、锅炉（柴油）、紧急发电机（柴油）。

注1：根据深圳市最新核查技术规范，企业宿舍不纳入碳排放盘查范围，故本次核查剔除企业内3栋宿舍用电量。

注2：其中B栋厂房外租给检测技术有限公司，办公及生产用电由深圳市检测技术有限公司直接缴费给供电局，食堂及宿舍用电由电气（深圳）有限公司代收并开具等额发票。

E栋厂房外租给电子（深圳）有限公司，生产办公用电、宿舍用电、食堂用电均由电气（深圳）有限公司代收并开具等额发票，2020年5月正式向电子（深圳）有限公司收取电费，2020年10月开始租用电气（深圳）有限公司C栋3楼和5楼作为仓库使用并向电气交电费。

厂房F栋3F外租给深圳市汽摩有限公司，由电气（深圳）有限公司代收并开具等额发票。

电气（中国）有限公司租用天基电气（深圳）有限公司办公楼7楼及宿舍，用电由电气（深圳）有限公司代收并开具等额发票。

企业食堂由深圳市膳食管理有限公司承包，食堂人员宿舍租用电气（深圳）有限公司宿舍，深圳市膳食管理有限公司食堂及宿舍用电均由电气（深圳）有限公司代收并开具等额发票。

注3：电气（深圳）有限公司另有租户中国移动、中国联通、中国电信基站用电，用电均由天基电气（深圳）有限公司代收并开具等额发票。

注4：2021年7月1日起，深圳市网络科技有限公司在受核查方建立电动车充电基站，用电均由电气（深圳）有限公司代收并开具等额发票。

（5）核查和验证温室气体排放数据。进行内部核查，确保数据的准确性和完整性。考虑进行第三方核查，以提高数据的可信度。

核查组对受核查方提交的温室气体报告和清单中使用的温室气体量化方法进行核查，确认温室气体清单和报告中选择的量化方法符合核查依据的要求。相关的量化方法描述如表4-1-3所示。

（6）编制温室气体排放报告。根据规定的格式和标准，编制温室气体排放报告。报告应包括温室气体排放量、排放源、核算方法等信息。

（7）发布和沟通温室气体排放报告。向内部和外部利益相关者发布温室气体排放报告。利用报告结果来制定减排策略和提高透明度。

（8）持续改进。定期审查温室气体核算和报告流程，以识别改进的机会。更新温室气体管理计划和目标，以反映组织的变化和新的排放源。

通过遵循这个工作流程，组织可以有效地量化和报告其温室气体排放，并为制定减排措施和提高可持续发展能力提供基础。

表 4-1-3　量化方法的描述

| 类别 | 子类别 | 排放源 | 使用的量化方法及公式 | 是否合理 |
|---|---|---|---|---|
| 范围一　直接温室气体排放 | 固定燃烧排放 | 柴油 | 量化方法：排放因子法；<br>公式：柴油 $CO_2$ 排放量=排放因子*柴油使用量*GWP | 合理 |
| | | 液化石油气 | 化方法：排放因子法；<br>公式：液化石油气 $CO_2$ 排放量=排放因子*液化石油气使用量*GWP | 合理 |
| | 移动燃烧排放源 | 汽油 | 量化方法：排放因子法；<br>公式：汽油 $CO_2$ 排放量=排放因子*汽油使用量*GWP | 合理 |
| | | 柴油 | 量化方法：排放因子法；<br>公式：柴油 $CO2$ 排放量=排放因子*柴油使用量*GWP | 合理 |
| 范围二　能源间接温室气体排放 | 外购电力 | 电力 | 量化方法：排放因子；<br>公式：外购电力 $CO_2$ 排放量=排放因子*外购电力量*GWP | 合理 |

## 4.1.5　基准年

### 1. 基准年的概念

基准年是用来将不同时期的温室气体排放或其他与温室气体排放相关的信息进行参照比较的特定历史时段。组织在初次量化与报告组织层次温室气体排放时应确定基准年。组织基准年可以基于一个特定时期（例如一年）内的值，也可以基于若干个时期（例如若干个年份）的平均值。采用何种方式确定基准年，须获得目标用户的确认，以便使得量化和报告的温室气体排放信息满足其要求。

建立基准年的目的在于可以对同一组织在不同时间段的排放量进行有意义的比较，以判别该组织的温室气体排放是否完成了既定的减排目标。在核算后续年份（非基准年）温室气体排放时，应该在时间周期、边界确定、量化方法选择、活动数据收集和排放因子确定等方面与历史年份保持一致。

如果发生如下情况，应重新编制温室气体排放清单：

（1）运行边界发生变化；

（2）温室气体排放源的控制权（所有权）进入或移出组织边界；

（3）温室气体排放的量化方法学发生重大变化。

当这些情况发生时，应评估对基准年排放量带来的影响。在确定是否需要对基准年的排放清单重新编制时，应根据重要限度进行判断。若因量化方法变更等因素造成的

排放量变化达到或超过重要限度，则应按照现在的组织边界、运行边界和方法学，对基准年温室气体排放清单进行重新编制。

### 2. 基准年的关键用途

基准年（Base Year）在温室气体排放核算中是一个关键概念，它指的是用于比较和评估温室气体排放变化的年份。基准年通常是组织选择的一个特定的年份，用于设定其温室气体排放的基线或参考水平。以下是一些基准年在温室气体排放核算中的关键用途。

（1）设定减排目标：组织可能会选择一个基准年来设定减排目标，如减少一定百分比的温室气体排放量。

例如，一个组织可能会设定一个目标，即到2030年将温室气体排放量减少到2010年水平的30%。

（2）衡量减排进展：组织可以比较当前年的温室气体排放量与其基准年的排放量，以衡量减排进展。

通过这种方式，组织可以跟踪其减排努力的效果，并向利益相关者展示其可持续发展成果。

（3）报告和披露：基准年通常用于编制温室气体排放报告，以便向内部和外部利益相关者披露组织的排放量。报告通常会提供基准年与报告期排放量的对比，以及减排措施和进展的详细信息。

（4）遵守法规和标准：在某些情况下，法规或标准可能要求组织使用特定的基准年来报告温室气体排放。

例如，欧盟排放交易系统（EU ETS）要求企业使用2008年作为其排放配额的基准年。

基准年的选择对于组织的温室气体排放核算和减排策略至关重要。它需要考虑组织的业务模式、历史排放数据、未来减排目标等因素。选择一个合适的基准年，可以帮助组织更准确地评估其减排进展，并为制定有效的减排策略提供基础。

## 4.2　常规排放源识别及量化方法介绍

### 4.2.1　排放源的识别

组织的温室气体排放是由各个不同的排放源产生的，而对于不同的排放源量化的方法有较大的差异，所以有必要对排放源逐一进行鉴别并分成不同的类型。这一阶段的主要工作是识别产生温室气体排放的物理单元或过程。一般主要识别能产生《京都议定书》规定的6类温室气体的排放源。直接温室气体排放源分为以下4类，描述如表4-2-1所示。

表 4-2-1  运行边界描述表

| 类别 | | 排放源类型 | 排放源 | 设施/活动 | 温室气体种类 |
|---|---|---|---|---|---|
| 范围一  直接温室气体排放 | 固定燃烧排放 | E | 柴油 | 锅炉 | $CO_2$ |
| | | E | 柴油 | 紧急发电机 | $CO_2$ |
| | | E | 液化石油气 | 加工 | $CO_2$ |
| | 移动燃烧排放 | T | 汽油 | 公务车 | $CO_2$ |
| | | T | 柴油 | 公务车 | $CO_2$ |
| | | T | 柴油 | 叉车/其他用途 | $CO_2$ |
| | 过程排放 | / | / | / | $CO_2$ |
| | 逸散排放 | F | 灭火器 | $CO_2$灭火器 | $CO_2$ |
| 范围二  能源间接温室气体排放 | | / | 外购电力 | 生产、办公 | $CO_2$ |

（1）固定燃烧排放：制造电力、热、蒸汽或其他能源的固定设施（如锅炉、蒸汽轮机、焚化炉、加热炉、发电机等）燃料燃烧产生的温室气体排放。

（2）移动燃烧排放：组织拥有或控制的原料、产品、固体废弃物与员工通勤等运输过程产生的温室气体排放，可能涉及的设施包括汽车、火车、飞机和轮船等，运行边界描述如图 4-2-1 所示。

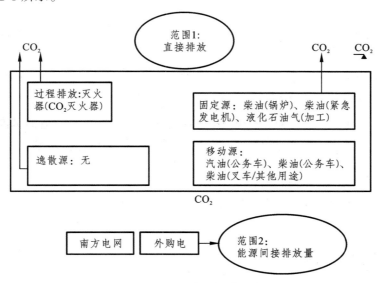

图 4-2-1  运行边界描述示意图

（3）制程排放：生产过程中由于生物、物理或化学过程产生的温室气体排放，如制造产品中使用的乙炔焊、炼油过程中的催化裂解、半导体制造中的蚀刻过程等。

（4）逸散排放：有意或无意的排放，包括设备接合处的泄漏、制冷设备冷媒的逸散、污水处理厂厌氧过程中温室气体的逸散等排放。

首先，组织应当完整识别上述四类直接温室气体排放源。值得注意的是，有些未重视的排放源往往会产生了大量的排放，例如挥发性有机物的燃烧所产生的排放。对于制程排放一般只出现在部分行业的生产过程中，例如煤电的碳酸盐脱硫过程、水泥生料烧制成熟料过程、铝的生产过程中白云石的煅烧等。

其次，组织还需要确认由于外购电力、热力、冷和蒸汽消耗带来的能源间接温室气体排放。组织的生产一般都离不开外购电力，几乎所有的组织都会产生能源间接温室气体排放。

在量化组织层次温室气体排放时，还可以识别关键排放源，即对组织温室气体排放信息有重要影响的排放源。确定关键的排放源，有助于组织了解自身的排放情况及减排重点。如何确定组织的关键排放源，可参考政府间气候变化专门委员会（IPCC）建议的关键排放源，中国 2004 发布的《初始国家信息通报》及 2013 年发布的《中国气候变化第二次国家信息通报》等有关的内容。

## 4.2.2　排放量的计算

组织应对直接温室气体排放（范围一）和能源间接温室气体排放（范围二）进行量化报告，并形成有关文件。温室气体排放量的量化可分为以下步骤：选择量化方法、收集温室气体活动数据、确定温室气体排放因子和计算温室气体排放量。

### 1. 选择量化方法

温室气体排放的量化方法包括测量法、计算法以及测量和计算相结合法三种。测量法是指通过相关仪器设备，对排放设施中温室气体的浓度及体积等进行测量，以获得温室气体排放量的方法。计算法是指通过活动数据和相关排放因子之间的计算、物料平衡（基于物质输入输出的一种计算方法）、使用模型或设备特定的关联等方式获得温室气体排放量的方法。测量和计算相结合法是指计算排放量的某些因子时，通过采用测量数据来计算获得排放量的方法。

温室气体排放的量化方法优先级依次递减的排序依次是：测量法、测量和计算相结合法、计算法。在选取量化方法时，宜考虑经济性的原则，即选择核算方法时，应使精确度的提高与其额外费用的增加相平衡。在技术可行且成本合理的情况下，应提高量化和报告的准确度。对计量系统较为健全的组织，应采用优先级较高的量化方法对排放量进行计算，除非目标用户对于量化方法有特殊要求。对于计量方式不健全的组织，也可以通过多种方式获得所需的数据。目前普遍使用的温室气体量化方法，是基于排放因子的计算法。

#### 1）测量法

对温室气体排放进行监测的测量，可分为连续进行的和间歇进行的。通常是由仪器

直接测量获得温室气体的浓度，再根据流量计获得的气体流量，从而计算温室气体排放量。例如，连续排放监测系统（CEMs）即是一种通过监测密度和流速直接测定温室气体排放量的方法。如果组织已有仪器对温室气体排放进行直接监测，应优先选取此类数据。为了增加此类数据的可信性，组织宜同时提供相关监测设备的计量校准和（或）检定证书。组织如采用基于测量的方法，宜同时采用基于计算的方法对其结果进行交叉验证。

**2）计算法**

通过计算获得温室气体排放量的方法包括排放因子法、物料平衡法、使用模型和设备特定的关联4种。

（1）排放因子法。

利用活动数据（例如原料和燃料的使用量等）乘以排放因子获得某种温室气体的排放量。其计算原理如下：

$$温室气体排放量 = 活动数据 \times 排放因子数据 \times 全球增温潜势 \qquad (4\text{-}2\text{-}1)$$

下面以二氧化碳的直接燃烧排放和能源间接排放为例，讨论排放因子法在组织温室气体量化中的使用。

① 固定或移动燃烧排放。

固定或移动燃烧排放虽是不同的排放源，但其使用排放因子法计算的原理相同，主要基于各燃料种类的消耗量、热值、单位热值含碳量及碳氧化率计算获得，具体按式（4-2-2）计算：

$$排放量 = \sum [燃料年消耗量 \times （热值单位热值含碳量 \times 碳氧化率 \times i）] \quad (4\text{-}2\text{-}2)$$

式中：$i$——不同燃料类型；

燃料年消耗量——燃料 $i$ 的年消耗量，单位为吨（t）或立方米（$m^3$）；

热值——燃料 $i$ 的热值，单位为十亿千焦每吨（TJ/t）或十亿千焦每立方米（TJ/$m^3$）；

单位热值含碳量——燃料 $i$ 的单位热值含碳量，单位为吨碳每十亿千焦（tC/TJ）；

碳氧化率——燃料 $i$ 在固定或移动设施中燃烧的碳氧化率，%。

② 能源间接排放。

组织电力、热力和蒸汽排放中，活动水平数据指电力、热力（包括冷）和蒸汽的实际消耗量。计算的原理如式（4-2-3）所示：

$$排放量 = \sum （活动数据 \times 排放因子） \qquad (4\text{-}2\text{-}3)$$

式中：活动数据——电力、热力（包括冷）和蒸汽 $k$ 的消耗量，单位为兆瓦时（MW·h）或百万千焦（GJ）；

排放因子——电力、热力（包括冷）和蒸汽 $k$ 的排放因子，单位为吨二氧化碳每兆瓦时[$tCO_2$/（MW·h）]或吨二氧化碳每百万千焦（$tCO_2$/GJ）。

（2）物料平衡法。

一些化学或物理的过程中涉及不同物质之间的转化，可以利用物料平衡的方法来计算这些排放源的温室气体排放量。

常见的物料平衡的方法为根据化学反应方程式计算，例如某些制程过程中涉及的石灰石的煅烧，其主要物质的化学反应式如下：

$$CaCO_3 \longrightarrow CaO+CO_2\uparrow$$

据此化学反应式，每燃烧 1 mol $CaCO_3$（相对分子质量为 100）会产生 1 mol 二氧化碳（相对分子质量为 44），由此得出：假设反应率为100%，1 t $CaCO_3$ 的煅烧会产生 0.44 t 二氧化碳的排放。对于某些特殊的生产过程，可依据质量守恒定律，根据式（4-2-4）进行计算：

$$排放量=[\sum（投入物料量×投入物料的含碳量）-$$
$$\sum（输出物料量×输出物料的含碳量）]×44/12 \qquad （4-2-4）$$

式中：排放量——单位为吨二氧化碳当量（$tCO_2e$）；

投入物料量——投入物料 $i$ 的物料量，单位为吨（t）；

投入物料的含碳量——投入的物料 $i$ 的碳含量，单位为吨碳每吨（tC/t）；

输出料物量——输出物料 $j$ 的物料量，单位为吨（t）；

输出物料的含碳量——输出的物料 $j$ 的碳含量，单位为吨碳每吨（tC/t）；

$i$，$j$——不同投入和输出的物质。

（3）使用模型和设备特定的关联。

在某些特定的情况下，组织可以采用模型对某些温室气体排放源的排放量进行模拟，也可以通过同类设备或设施之间的关联关系进行推算。使用时，组织应保留相关的量化方法、假设、计算过程和数据来源等相关证据，以便第三方核查时使用。

**3）测量和计算相结合**

在使用计算的方法对排放量进行量化时，计算过程中的某些参数可以是测量的结果。例如利用排放因子法计算过程中，固定或移动燃烧的排放因子通常按式（4-2-5）计算：

$$排放因子（tCO_2/t）= 单位热值含碳量（tC/TJ）×热值（kJ/kg）×$$
$$碳氧化率（\%）×44/12×10^{-6} \qquad （4-2-5）$$

组织应通过燃料特性计算二氧化碳排放因子，这个过程涉及燃料单位热值含碳量、热值以及碳氧化率三个参数。这些参数可以通过对燃料的分析与测试，或者根据供应商对燃料的测量数据来获得。燃料的测量过程（包括取样频率和方法、检测的方法和条件、检测结果的分析与汇总等）应满足国家、行业标准或目标用户的要求。

## 2. 收集活动数据

确定了排放源所采用的量化方法后，应对组织边界中的相关排放源的活动数据进行收集。活动数据指的是产生温室气体排放活动的定量数据，如能源、燃料或电力的消耗量、物质的产生量、提供服务的数量或受影响的土地面积。这些活动数据应与选定的量化方法要求相一致。活动数据通常保存在组织的各个相关部门，需要逐一收集并填写在相应的表单中。采用测量法的活动数据为仪器测量值，而采用物料平衡法及排放因子法的活动数据则须根据各种凭证记录折算整理获得。按照排放源类别，下面给出了一些常见的排放源活动数据及其来源。

### 1）直接温室气体排放（范围一）

（1）固定燃烧排放：用于固定设施的燃料消耗量。例如，煤的使用量可以通过组织内部的进销存记录等途径查询；天然气或燃料油的使用量可以通过组织测量记录、发票或结算单等获得；燃料的消耗量数据也可以通过报告期内存储量的变化获取，具体计算方法如下：

$$消耗量=购买量+（期初存储量-期末存储量）-其他用量 \qquad (4\text{-}2\text{-}6)$$

（2）移动燃烧排放：用于移动设施的燃料消耗量、车辆行驶里程数。例如，车辆汽油、柴油的使用量，可以通过加油卡记录、发票、结算单、组织内部记录的耗油量或行驶里程信息等获得。

（3）制程排放：原材料的采购量等，可以通过组织对于产品或半成品的进销存记录或领料记录等获得。

产品产出量数据可以通过存储量的变化获取，具体按式（4-2-7）计算：

$$产品产出量=销售量+（期末存储量-期初存储量）+其他用量 \qquad (4\text{-}2\text{-}7)$$

半成品产出量数据可以通过存储量的变化获取，具体按式（4-2-8）计算：

$$半成品产出量=销售量-购买量+（期末存储量-期初存储量）+其他用量$$
$$(4\text{-}2\text{-}8)$$

（4）逸散排放：逸散类排放源种类较多，计算方法不尽相同。例如：

① 灭火器中二氧化碳的逸散量，可以根据组织年初和年末盘点量、年中购入量及其他用途使用量计算获得。

② 变压器中 $SF_6$ 的逸散量，可以通过设备的铭牌、产品说明书等途径获得。

以上两类逸散排放源的活动数据按式（4-2-9）计算：

$$逸散量=年初时库存的总质量+本年度购买的总质量-年底库存总质量$$
$$-其他用途的使用量 \qquad (4\text{-}2\text{-}9)$$

**2）能源间接温室气体排放（范围二）**

（1）外购电力：外购电力的使用量可以根据电网组织的结算单据、外租物业开具的外购电力结算凭证、内部抄表记录等获得。

（2）外购热力（包括冷）：外购热力的使用量可以根据供应商开具的热力结算凭证或单据、组织内部自行统计数据等获得。

（3）外购蒸汽：外购蒸汽量可以根据供应商开具的蒸汽结算凭证或单据、组织内部自行统计数据等获得。

组织应将包含上述活动数据的证据材料予以保存。如果对于同一排放源的活动水平数据有多种证据材料，组织应留存所有相关文件，以便进行交叉检查。

若同一类温室气体排放涉及不同的活动或设施，且活动数据无法拆分，则可以按照合并计算的方式进行处理。如紧急发电机和叉车同时使用柴油，而相关记录无法分开，则可以将活动数据合并至其中使用量较大的设施进行计算，并在量化清单中予以说明。

对于活动数据的收集，应在可能的情况下使用优先级最高的活动数据，以保证整个量化工作满足准确性的原则。活动数据的优先级作如下规定：连续测量获得的数据>间歇测量获得的数据>自行估算的数据。

## 3. 确定排放因子

当排放因子有多个来源时，组织应遵循准确性、相关性原则，选取优先级最高的排放因子。对于采用何种排放因子，组织应在量化清单和报告中说明，并根据数值质量评价方法标明排放因子的数据质量等级。目前排放因子主要分为 6 类，按照优先级从高到低排列依次是：测量或质量平衡获得的排放因子、相同工艺或设备的经验排放因子、设备制造商提供的排放因子、区域排放因子、国家排放因子和国际排放因子。对于 6 类排放因子的描述如下。

（1）测量或质量平衡获得的排放因子：包括两类，一是根据经过计量检定、校准的仪器测量获得的因子；二是依据物料平衡获得的因子，例如通过化学反应方程式与质量守恒推估的因子。

（2）相同工艺或设备的经验排放因子：由相同的制程工艺或者设备，根据相关经验和证据获得的因子。

（3）设备制造商提供的排放因子：由设备的制造厂商提供的与温室气体排放相关的系数计算所得的排放因子。

（4）区域排放因子：特定的地区或区域的排放因子。例如中国区域电网基准线排放因子。

（5）国家排放因子：对于某一特定国家或国家区域内的排放因子。例如省级温室气体清单中用来计算国家层面温室气体排放量时使用的因子。

（6）国际排放因子：国际社会通用的排放因子。例如 IPCC 国家温室气体清单指南

中给出的全球层面温室气体排放量时使用的因子。排放因子的符合性（所有排放因子均要列出）见表4-2-2、表4-2-3。

表4-2-2　直接温室气体排放的排放因子符合性

| 直接排放排放因子 | 排放因子来源 | 排放因子单位 | 确认的数值 | 是否合理 |
|---|---|---|---|---|
| 柴油 | SZDB/Z69—2018《组织的温室气体排放量化和报告规范及指南》 | $tCO_2/t$ 燃料 | 3.1 | 合理 |
| 汽油 | | $tCO_2/t$ 燃料 | 2.92 | 合理 |
| 液化石油气 | | $tCO_2/t$ 燃料 | 3.1 | 合理 |

表4-2-3　能源间接温室气体排放的排放因子符合性

| 能源间接排放排放因子 | 排放因子来源 | 排放因子单位 | 确认的数值 | 是否合理 |
|---|---|---|---|---|
| 外购电力 | SZDB/Z69—2018《组织的温室气体排放量化和报告规范及指南》 | $tCO_2/MWh$ | 0.9489 | 合理 |

### 4. 汇总排放量

组织应根据前述步骤获得的信息和数据进行汇总，并得到各排放源温室气体的排放量。通常收集并整理的排放数据会处于不同的业务单位或不同的设施层级，须将这些数据进行汇总及合并。对这一过程进行策划，可减少量化报告的工作负担，降低排放数据和信息出错的可能性，确保所有设施按照统一的方法进行汇总。一般情况下，组织各部门采用一定的量化工具对数据进行汇总，并将各部门收集的数据报告给组织管理层及利益相关方。

组织温室气体排放总量可按式（4-2-10）计算：

$$组织温室气体排放总量 = 直接排放总量 + 能源间接排放总量 \qquad (4\text{-}2\text{-}10)$$

为了确保快速有效地收集温室气体排放数据，建议组织建立完善的温室气体排放数据收集和管理系统，通过组织内部网络建立有关数据库，制定需要收集的数据模板，相关部门依据数据库及数据模板填写完所需信息后连同证据文件进行汇总，并由专人核对数据填写和转换过程的准确性。此外，从业务单位或设施层级向组织层级进行数据汇总时，可采用分散法或集中法两种方式。分散法是指各设施或业务单位收集数据时，直接采用经过确认的量化方法获得各设施或业务单元的排放量，组织层级直接汇总为组织的总排放量。集中法是指各设施或业务单元将活动数据汇总到组织专门的部门，由组织专门的部门根据经过确认的方法进行计算。排放数据由专门部门通过标准化的报告格式进行汇总，确保从不同业务单元或设施收集到的数据满足准确性和完整性的要求，并做交叉检查。一般认为，通过标准化的流程，可以大大降低数据传递过程中的偏差。

**例 4-2-1** 温室气体排放量计算过程及结果，见表 4-2-4。

表 4-2-4　温室气体排放量计算表

| 序号 | 基本信息 | | | 活动数据 | | 排放因子 | | 排放量（tCO₂e） |
|---|---|---|---|---|---|---|---|---|
| | 排放源 | 设施/活动 | 排放源类型 | 数值 | 单位 | 数值 | 单位 | |
| 1 | 柴油 | 紧急发电机 | E | 0.1690 | t | 3.1 | tCO₂/t | 0.5239 |
| 2 | 柴油 | 锅炉 | E | 0.5070 | t | 3.1 | tCO₂/t | 1.5717 |
| 3 | 液化石油气 | 加工 | E | 0.032 | t | 3.1 | tCO₂/t | 0.0992 |
| 4 | 汽油 | 公务车 | T | 5.3588 | t | 2.92 | tCO₂/t | 15.6476 |
| 5 | 柴油 | 公务车 | T | 0.2924 | t | 3.1 | tCO₂/t | 0.9065 |
| 6 | 柴油 | 叉车/其他用途 | T | 0.7943 | t | 3.1 | tCO₂/t | 2.4623 |
| 7 | 电力 | 向南方电网购电 | / | 4754.2872 | MWh | 0.9489 | tCO₂/MWh | 4511.3431 |
| 合计 | | | | | | | | 4532.55 |

对某些温室气体排放源的量化在技术上不可行（例如缺少量化方法的支持）、或量化成本高而收效不明显、或量化结果低于排除门槛的直接或间接的温室气体源可以排除。对于在量化中所排除的温室气体源，应在相应的表格和文件中予以说明排除的原因。

排放量波动的原因分析：组织温室气体排放量较上一年度波动幅度超过 20%时，须进行波动原因分析，波动幅度按式（4-2-11）计算。

$$波动幅度 = \frac{核查年度温室气体排放量-上一年度温室气体排放量}{上一年度温室气体排放量} \times 100\% \qquad (4\text{-}2\text{-}11)$$

2022 年核查碳排放总量为 3885.02 tCO₂e，2023 年核查碳排放总量为 4532.55 tCO₂e，上升 16.67%，不存在明显的排放量波动情况。

### 5. 数据质量管理

数据质量管理是温室气体量化与报告的重要环节，贯穿于整个量化工作过程中。数据质量管理是温室气体核算过程中的数据质量确认活动，包括了组织数据管理人员在数据的产生、记录、传递、汇总和报告过程中执行的一系列数据质量控制的措施和活动。目前，国内温室气体数据质量管理尚处于起步阶段。尽管各级主管部门已经明确提出数据质量管理的要求，但由于缺乏具有实际操作性的方案，现实中不少组织未完成该工作。为了便于组织完成数据质量控制与管理，下面给出了数据质量控制与管理的具体方案供组织参考。

### 6. 数据质量管理方案

数据质量控制与管理的对象为温室气体排放量化方法、量化时采用的数据以及数

据来源的记录。

数据质量管理首先应对数据质量方案进行策划，然后在量化报告过程中执行相关方案，最后完成内部质量评审，寻求改进排放数据质量的机会，确保数据和信息的准确性。

**1）数据质量控制的策划**

组织宜建立温室气体排放量化质量小组，负责质量管理体系文件的制定和实施。质量小组可规划数据质量控制活动并编写质量控制与管理方案，该方案适用于数据的产生、记录、传递、汇总和报告工作的全流程。数据质量与控制方案应包括以下内容：确定边界和识别排放源，依据目标用户的要求确定量化方法和数据收集管理要求，评估现有的测量设备及条件，规划测量数据流的传递，对量化的相关环节进行风险评估，数据质量评分及不确定性分析。

**2）数据质量控制的执行**

数据质量管理是一个周期性的活动。数据质量小组应执行数据质量与控制方案，在与温室气体排放相关数据的产生、记录、传递、汇总和报告工作中执行相应的质量控制活动，得出高质量的数据结果。

（1）对数据收集、输入和处理时进行常规检查，包括核对输入数据样本的错误、确定数据完整性、确保对电子文档和纸质文档实施了恰当的控制流程；对于量化清单数据处理步骤的检查，包括核对工作表格的输入数据和计算获得的数据是否做了明确区分、核对计算样本是否具有代表性、核对所有排放源类别和业务单元等的数据汇总、核对输入和计算在时间序列上的一致性、进行同类排放源不同部门的交叉对比等；对相关的活动数据进行检查，包括活动数据完整性确认、活动数据计量与计算的恰当性与正确性；对排放因子进行常规检查时，应注重核对排放因子的单位及数据转换的过程、评价排放因子选用的合理性、评价转换系数选取的恰当性、判断系数转换的正确性；对排放量计算过程的检查，包括评估量化方法的适宜性，并与历史数据进行对比。有条件时，应利用不同来源的数据对活动数据进行交叉检查。

（2）交叉检查可通过纵向对比和横向对比的方法进行。纵向对比即对不同年度和不同月份的温室气体排放数据进行比较，包括历史年份和履约年份排放数据的对比，生产活动变化和生产工艺过程变化的比较等。横向对比即对不同来源的数据进行比较，可对比采购数据、库存数据、实际消耗数据、基准数据（如基于默认因子的计算结果、学术文献的数据、行业数据等）的比较，此外还可以比较不同核算方法得出的结果间的差异。

**3）内部数据质量评审**

适当时，宜通过内部数据评审对温室气体核算系统和数据进行独立的评价，确保排放信息和数据的准确性和可靠性。评价内容包括量化过程是否正确，各排放源排放量的计算是否正确，排放量的汇总是否正确，活动数据和排放因子的单位转换是否正确，排放量是否以二氧化碳当量为单位进行报告等。

## 4.3　数据质量分析

　　组织在完成数据质量常规管理的同时,应完成数据质量的分析,以寻求改进数据质量的机会。数据质量分析分为数据质量定性分析和不确定性分析。定性分析的结果应体现在组织填报的温室气体清单和温室气体报告上。如有条件,组织宜对数据的不确定性进行评价,即数据质量的定量分析。

　　定性分析的结果应该在组织填报的温室气体清单和温室气体报告中得到体现,而定量分析的结果可以作为补充信息,帮助利益相关者更好地理解数据的不确定性,并做出更明智的决策。通过这些分析,组织可以持续改进其数据收集和处理流程,提高温室气体排放核算的准确性和可靠性。

### 4.3.1　定性分析

　　组织应分别评价活动数据和排放因子的数据质量等级,并以排放量作为权重进行加权,计算总排放量的数据质量等级。对活动数据类型的评分可参考表 4-3-1。

表 4-3-1　活动数据的类型和评分

| 活动数据类别 | 活动数据质量等级 | 举　例 |
|---|---|---|
| 连续测量的数据 | 6 | 根据电能表获得的外购电力使用量 |
| 间歇测量的数据 | 3 | 供应商记录的加油记录,液化石油气送货单上标明的质量 |
| 自行推估的数据 | 1 | 根据机组的运行时间和功率推估的耗能量 |

　　在温室气体排放核算中,活动数据和排放因子的数据质量对最终排放量的准确性具有重要影响。组织应分别评价这两类数据的数据质量等级,并以排放量为权重进行加权计算,以得出总排放量的数据质量等级。

#### 1. 定性分析的基本步骤

　　以下是一个基本的步骤指导。

　　(1)评价活动数据的数据质量等级:根据活动数据的来源、完整性、准确性、一致性、更新频率和可靠性等因素,对活动数据进行定性或定量评价。确定每个活动数据的数据质量等级,并将其转换为数值,例如 1~6 级。

　　(2)评价排放因子的数据质量等级:排放因子是用于将活动数据转换为排放量的系数,其数据质量同样重要。评价排放因子的来源、适用性、验证情况、更新频率和可靠性等因素。确定每个排放因子的数据质量等级,并将其转换为数值。

　　(3)计算活动数据和排放因子的权重:根据活动数据和排放因子在总排放量中的贡献比例,计算它们的权重。权重通常基于排放量的大小,但也可以考虑其他因素,如

数据的重要性或风险。

（4）计算总排放量的数据质量等级：使用加权平均方法，将活动数据和排放因子的数据质量等级与它们的权重相乘，然后求和。计算出的数值代表了总排放量的数据质量等级。

（5）结果解释和应用：根据计算出的总排放量的数据质量等级，对数据的可信度和准确性进行评估。数据质量等级较低可能会影响排放量计算的准确性，需要进一步的数据验证或质量改进措施。

通过这种方法，组织可以更全面地评估其温室气体排放量数据的质量，并采取相应的措施来提高数据的准确性和可靠性。这有助于提高温室气体排放核算的透明度和可信度，为决策制定提供更有力的支持。对排放因子的类别及评分可参见表4-3-2、表4-3-3。

表4-3-2　排放因子类别

| 排放因子类别 | 排放因子等级 | 举　例 |
|---|---|---|
| 测量或质量平衡所得排放因子 | 6 | 基于化学反应方程式计算得到的排放因子 |
| 相同工艺或设备的经验排放因子 | 5 | 按照相同设备推算的排放因子 |
| 设备制造商提供的排放因子 | 4 | 基于供应商手册上的信息计算的排放因子 |

表4-3-3　排放因子评分

| 排放因子类别 | 排放因子等级 | 举　例 |
|---|---|---|
| 区域排放因子 | 3 | 国家发改委公布的区域电网排放因子 |
| 国家排放因子 | 2 | 国家温室气体清单编制时使用的化石燃料的排放因子 |
| 国际排放因子 | 1 | IPCC给出的不区分国别的排放因子 |

组织层次总排放量的数据质量得分按式（4-3-1）计算：

$$温室气体数据质量总评分=\sum（源 i 的活动数据评分值×源 i 的排放因子评分值$$
$$×源 i 的排放量÷组织总排放量） \qquad (4\text{-}3\text{-}1)$$

式中　源 $i$——组织第 $i$ 个排放源。

根据排放总量的评分结果，可以将温室气体排放量数据的质量分为6个等级（见表4-3-4）。组织应保证后续年份报告的排放量数据等级不低于历史年份的数据等级。

表4-3-4　排放总量质量等级表

| 数据等级（L） | 数据质量总评分（S）数值范围 |
|---|---|
| L1 | 31～36 |
| L2 | 25～30 |
| L3 | 19～24 |
| L4 | 13～18 |
| L5 | 7～12 |
| L6 | 1～6 |

### 2. 常见的数据质量等级划分

温室气体排放量数据的质量通常可以分为不同的等级，这些等级反映了数据的可靠性和准确性。以下是一个常见的数据质量等级划分。

（1）数据质量等级 1（非常低）：数据缺失或不完整，无法进行有效的分析和使用；没有适当的记录或监测方法。

（2）数据质量等级 2（低）：数据存在一定的缺失或不完整性；监测方法不够准确或未经过充分验证；数据可能需要进一步的核实或修正。

（3）数据质量等级 3（中等）：数据相对完整，但存在一些不确定性和偏差；监测方法经过验证，但可能需要进一步改进；数据可能需要进一步核实或校正。

（4）数据质量等级 4（高）：数据完整且准确，检测方法经过充分验证；数据质量有明确的标准和控制措施；数据可以用于决策制定和分析。

（5）数据质量等级 5（非常高）：数据非常完整且准确，监测方法经过严格的验证；数据质量有高度标准化的控制措施和验证程序；数据可以用于高精度的决策制定和分析。

（6）数据质量等级 6（最优）：数据完全准确，监测方法是最先进的，并且经过严格的验证和测试；数据质量控制措施和验证程序是最优的，可以满足最严格的数据要求；数据可以用于科学研究和最高级别的决策制定。

需要注意的是，不同组织和机构可能会有不同的数据质量等级划分标准，上述等级是一个通用的参考框架。组织在评估其温室气体排放量数据的质量时，应根据自身的具体情况和需求来确定适当的质量等级。

排放量计算表中的数据和信息会根据前序内容自动生成，组织排放量汇总表的各类排放源排放量及比例、组织直接温室气体排放及排放量的内容也是自动生成。如果组织对于温室气体排放核算中部分排放源进行了排除，需要在温室气体排放源排除说明中对温室气体排放源及排除的理由进行详细的描述。

## 4.3.2 不确定性分析

### 1. 不确定性概述

不确定性分析包括定性和定量两个方面。定性分析是对不确定性产生原因的分析说明，定量分析是对组织温室气体量的不确定性的计算汇总。如果技术上可行，组织宜对温室气体清单的不确定性进行定量分析。理论上，排放量的核算和不确定性范围均可从特定排放源的测量数据中获得，但是实际中不可能对每个排放源开展类似的工作。因此，更多的时候对排放源温室气体数据的不确定性评价来源于经验性的评价，例如专家判断。对温室气体数据不确定性的定量分析，主要针对活动数据和排放因子两部分。

导致清单结果与真实数值不同的原因有很多。有些不确定性原因（如取样误差或仪器准确性的局限性）可能界定明确、容易描述其特性，也有一些不确定性原因较难识别和量化，优良做法是在不确定性分析中尽可能解释并记录所有不确定性原因。

导致不确定性的原因一般有以下 8 类：

（1）缺乏完整性：由于排放机理未被识别或者该排放测量方法还不存在，无法获得测量结果及其他相关数据。

（2）模型：模型是真实系统的简化，因而不是很精确。

（3）缺乏数据：在现有条件下无法获得或者非常难以获得某排放所必需的数据。在这些情况下，常用方法是使用相似类别的替代数据，以及使用内推法或外推法作为估算基础。

（4）数据缺乏代表性：例如已有的排放数据是在发电机组满负荷运行时获得的，而缺少机组启动和负荷变化时的数据。

（5）样品随机误差：与样本数多少有关，通常可以通过增加样本数来降低这类不确定性。

（6）测量误差：如测量标准和推导资料的不精确等。

（7）错误报告或错误分类：由于排放源的定义不完整、不清晰或有错误。

（8）丢失数据：如低于检测限度的测量数值。

## 2. 定量分析的基本流程

定量分析的基本流程包括：确定清单中单个变量的不确定性（如活动数据和排放因子等的不确定性）；将单个变量的不确定性合并为清单的总不确定性。

（1）量化单个变量的不确定性。

如果数据样本足够大，则可以应用标准统计拟合良好性检测，并与专家判断相结合，来帮助决定用哪一种概率密度函数来描述数据（如果需要的话，对数据进行分割）的变率，以及如何对其进行参数化。通常只要有三个或三个以上的数据点，并且数据是所关注变量的随机代表性样本，那么就有可能应用统计技术来估算许多双参数分布，例如正态分布、对数正态分布的参数值。可是在许多情形下，用于推断出不确定性的测量数据非常少。如果样本较少，参数估算会存在很大的不确定性。此外，如果样本非常少，通常不可能依靠统计方法来区别可供选择的参数分布的适合度。

理想情况下，排放量的估算和不确定性范围均可从特定排放源的测量数据中获得，但是实际中不可能对每个排放源开展类似的工作。因此，更多的时候对排放数据的不确定性评价来源于经验性的评价（例如专家判断），也可以选择来自公开发布的文件给出的不确定性参考值，如《2006 年 IPCC 国家温室气体清单指南》。

（2）合并不确定性。

合并不确定性有两种方法，一是使用简单的误差传递公式，二是使用蒙特卡罗或类似的技术。蒙特卡罗主要适用于模型方法，主要采用误差传递公式方法，包括加减运算的误差传递公式和乘法运算的误差传递公式两种。当某一估计值为 $n$ 个估计值之和或

之差时，该估计值的不确定性采用式（4-3-2）计算：

$$U = \frac{\sqrt{2\left[(U_1 X_1)^2 + (U_2 X_2)^2 + ... + (U_n X_n)^2\right]}}{X_1 + X_2 + ... + X_n}$$ （4-3-2）

式中：$U$——$n$ 个估计值之和或差的不确定性，%；

　　　$U_n$——某个估计值的不确定性，%；

　　　$X_i...X_n$——$n$ 个相加减的估计值。

当某一估计值为 $n$ 个估计值之积时，该估计值的不确定性采用式（4-3-3）计算：

$$U_e = \sqrt{U_1^2 + U_2^2 + ... + U_n^2}$$ （4-3-3）

式中：$U_e$——$n$ 个估计值之积的不确定性，%；

　　　$U_n$——某个估计值的不确定性，%。

### 4.3.3　组织温室气体清单及报告的编制要求

#### 1. 温室气体清单的编制

组织建立的温室气体清单应包含各类温室气体排放的相关信息。组织可以对其中的内容做进一步的补充或更新，但一般包含以下信息：

（1）体现温室气体定性鉴别的排放源识别信息；

（2）各排放源的活动数据收集信息；

（3）各排放源的排放因子选择信息；

（4）直接排放和能源间接排放量汇总，以及组织温室气体排放汇总。

为了便于企业编制温室气体量化与报告，SZDB/Z69-2012《组织的温室气体排放量化和报告规范及指南》中给出了量化与报告中常用的清单和报告模板。

#### 2. 温室气体报告的编制

组织应遵循完整性、一致性、准确性、相关性和透明性的原则编制温室气体报告，以利于第三方机构的核查和相关部门的决策。温室气体报告需按照 SZDB/Z 69-2012《组织的温室气体排放量化和报告规范及指南》的要求进行编写，组织可根据该文件附录中的框架模板进行填写。温室气体报告应包括以下内容：

（1）温室气体报告的组织概况介绍、报告编制的责任人、报告所覆盖的时间段；

（2）边界的说明，包括组织边界、运行边界、基准年信息；

（3）温室气体量化方法学，需要具体到活动水平收集、排放因子选取及计算的过程，以及对量化方法变更的解释，以体现报告的透明性；

（4）温室气体排放量信息，各排放源温室气体排放量、直接温室气体排放和能源间接的排放量及总量，如有排放源的排除应说明排除的理由；

（5）对基准年或量化方法变更的说明及解释；

（6）报告的管理，包括报告数据覆盖的时间和报告的管理、维护、使用等信息；

（7）组织的量化报告满足技术文件的要求，以及组织在减排方面的活动；

（8）所使用的量化方法及排放因子的文件或参考资料。

排放源活动数据符合性表如表 4-3-5 所示。

表 4-3-5　排放源活动数据符合性表

| 直接温室气体排放活动数据 | 柴油使用量（紧急发电机） |
|---|---|
| 数据来源 | 2024 年度柴油使用记录表 |
| 监测方法 | 间歇监测 |
| 监测频次 | 无固定频次 |
| 记录频次 | 按次记录 |
| 数据缺失处理 | 2024 年报告期内该排放源活动数据无缺失 |
| 交叉检查 | 2024 年柴油采购单、收款收据 |
| 数据单位 | 吨 |
| 确认的数值 | 0.1690 |
| 直接温室气体排放活动数据 | 柴油使用量（锅炉） |
| 数据来源 | 2024 年度柴油使用记录表 |
| 监测方法 | 间歇监测 |
| 监测频次 | 无固定频次 |
| 记录频次 | 按次记录 |
| 数据缺失处理 | 2024 年报告期内该排放源活动数据无缺失 |
| 交叉检查 | 2024 年柴油采购单、收款收据 |
| 数据单位 | 吨 |
| 确认的数值 | 0.5070 |
| 直接温室气体排放活动数据 | 液化石油气使用量（加工） |
| 数据来源 | 液化石油气记录表、液化石油气领料单 |
| 监测方法 | 购买记录 |
| 监测频次 | 间歇监测 |
| 记录频次 | 按次记录 |
| 数据缺失处理 | 2024 年报告期内该排放源活动数据无缺失 |
| 交叉检查 | 由于员工在铺面购买未开具发票及单据，所以数据无法交叉检查 |
| 数据单位 | 吨 |
| 确认的数值 | 0.0320 |

| 直接温室气体排放活动数据 | 汽油使用量（公务车） |
|---|---|
| 数据来源 | 2024 年 1~12 月加油卡明细 |
| 监测方法 | 加油发票统计 |
| 监测频次 | 间歇监测 |
| 记录频次 | 按次记录 |
| 数据缺失处理 | 2024 年报告期内该排放源活动数据无缺失 |
| 交叉检查 | 中石化开具加油发票、2024 年度加油卡加油记账表 |
| 数据单位 | 吨 |
| 确认的数值 | 5.3588 |
| 直接温室气体排放活动数据 | 柴油使用量（公务车） |
| 数据来源 | 2024 年 1~12 月加油卡明细 |
| 监测方法 | 加油发票统计 |
| 监测频次 | 间歇监测 |
| 记录频次 | 按次记录 |
| 数据缺失处理 | 2024 年报告期内该排放源活动数据无缺失 |
| 交叉检查 | 中石化开具加油发票、2024 年度加油卡加油记账表 |
| 数据单位 | 吨 |
| 确认的数值 | 0.2924 |
| 直接温室气体排放活动数据 | 柴油使用量（叉车/其他用途） |
| 数据来源 | 2024 年度柴油使用记录表 |
| 监测方法 | 间歇监测 |
| 监测频次 | 无固定频次 |
| 记录频次 | 按次记录 |
| 数据缺失处理 | 2024 年报告期内该排放源活动数据无缺失 |
| 交叉检查 | 2024 年柴油采购单、收款收据 |
| 数据单位 | 吨 |
| 确认的数值 | 0.7943 |
| 能源间接温室气体排放活动数据 | 外购电力量 |
| 数据来源 | 供电局出具的电费通知单、2024 年度企业内部抄表记录 |
| 监测方法 | 电表计量 |
| 监测频次 | 连续监测 |
| 记录频次 | 每月记录 |
| 数据缺失处理 | 2024 年报告期内该排放源活动数据无缺失 |
| 交叉检查 | 供电局出具的购电发票、外租企业用电量通知单及发票 |
| 数据单位 | MW·h |
| 确认的数值 | 4754.2872 |
| 备注 | 无 |

# 4.4 特殊行业量化方法简介

本书中特殊行业主要针对有制造业排放的行业。这些行业可能存在较为特殊的排放源，具有特定排放特征或排放类型，在温室气体排放量化方面可能需要采用不同于传统行业的特殊方法。以下是一些特殊行业的量化方法简介。

### 1. 农业行业

生物质燃烧：农业活动中的生物质燃烧，如秸秆焚烧，需要使用专门的排放因子。

土地利用变化：农业活动导致的土地利用变化，如森林砍伐和土地开垦，需要考虑其对温室气体排放的影响。

### 2. 能源行业

煤炭开采：煤炭开采过程中的甲烷排放需要特别考虑。

石油和天然气开采：需要考虑油气开采过程中的甲烷泄漏和排放。

### 3. 废弃物处理行业

垃圾填埋场：垃圾填埋场产生的甲烷和二氧化碳排放需要采用专门的方法进行计算。

焚烧设施：废弃物焚烧过程中的温室气体排放需要详细的排放因子和计算方法。

### 4. 水泥和石灰行业

工业过程排放：这些行业在生产过程中会产生大量的二氧化碳排放，需要特殊的核算方法。

### 5. 钢铁和金属行业

工业过程排放：这些行业在生产过程中也会产生大量的二氧化碳排放，需要专门的核算方法。

### 6. 化学和石化行业

工业过程排放：这些行业在生产过程中可能会产生多种温室气体排放，需要详细的排放因子和计算方法。

### 7. 运输行业

航空和航运：这些行业在运营过程中会产生大量的二氧化碳排放，需要采用特殊的核算方法。

特殊行业的量化方法通常需要考虑行业特有的排放源和过程，以及相应的排放因子和计算方法。这些行业通常需要采用生命周期评估（LCA）或过程模拟等技术来准确

计算温室气体排放。此外，特殊行业的量化方法可能还需要考虑行业特有的数据收集和处理要求。

表 4-4-1 给出了特殊行业排放源识别和量化方法的示例，为开展具体量化工作提供参考。

表 4-4-1　特殊行业排放源识别与量化示例

| 行业 | 排放源或可能产生排放的工艺过程 | 可能的计算方法 |
|---|---|---|
| 发电行业 | 燃煤机组可能使用碳酸盐作为脱硫剂，该脱硫过程的二氧化碳排放应 | 脱硫过程的排放量=碳酸盐的消耗量×排放因子，排放因子可根据化学反应方程式进行计算 |
| 电网行业 | 使用六氟化硫设备修理与退役过程会产生六氟化硫的排放 | 根据质量平衡原理，结合退役设备中六氟化硫的容量、实际回收量和修理设备中六氟化硫容量、实际回收量计算获得 |
| 钢铁行业 | 烧结、炼铁、炼钢等工序中由于其他外购含碳原料（如电极、生铁、铁合金、直接还原铁等）和熔剂的分解与氧化产生的二氧化碳排放 | 1. 溶剂消耗的排放量，可根据溶剂的组分按照质量平衡进行推算；<br>2. 电极消耗产生的排放，可根据电炉炼钢及精炼炉等电极的消耗量与电极的排放因子相乘获得；<br>3. 外购生铁等含碳原料消耗产生的排放量，通过含碳原料的使用量和含碳原料的排放因子计算获得 |
| 电解铝行业 | 制程过程中阳极效应所导致的全氟化碳排放。报告主体厂界内如果存在石灰石煅烧窑，还应考虑石灰石煅烧分解所导致的二氧化碳排放 | 1. 阳极效应：电解铝企业中发生的阳极效应会排放四氟化碳（CF，PFC-14）和六氟化二碳（$C_2F_6$，PFC-116）两种全氟化碳（PFCs）。其排放因子的确定采用国际通用的斜率法经验公式。<br>2. 煅烧石灰石：可根据质量平衡计算此过程的排放量 |
| 镁冶炼行业 | 白云石煅烧分解所导致的二氧化碳排放 | 白云石煅烧过程的排放量可基于质量平衡的方法获得 |
| 平板玻璃行业 | 1. 平板玻璃生产过程中在原料配料中掺加一定量的碳粉作为还原剂，促使硫酸钠在低于其熔点温度下快速分解还原。而碳粉中的碳则被氧化为二氧化碳。<br>2. 平板玻璃生产所使用的原料中含有的碳酸盐如石灰石、白云石和纯碱等在高温状态下分解产生二氧化碳排放 | 原料中的碳粉和碳酸盐可根据质量平衡法计算获得 |

| 行业 | 排放源或可能产生排放的工艺过程 | 可能的计算方法 |
|---|---|---|
| 水泥行业 | 水泥生料中非燃烧碳煅烧会产生二氧化碳的排放 | 非燃烧碳煅烧产生的排放等于生料的数量乘以生料中非燃烧碳含量 |
| 陶瓷生产行业 | 陶瓷原料中含有的方解石、菱镁矿和白云石等中的碳酸盐，如碳酸钙（$CaCO_3$）和碳酸镁（$MgCO_3$）等，在陶瓷烧成工序中高温下发生分解，释放出二氧化碳 | 陶瓷原料碳酸盐的排放可根据消耗的原料中碳酸盐的含量与基于质量平衡计算的参数计算获得 |
| 机械制造行业 | 生产过程中可能使用乙炔焊等工艺而产生的二氧化碳排放 | 机械制造企业乙炔焊产生的排放可根据化学反应方程式依据质量平衡计算获得 |

下面将重点讨论发电、玻璃和线路板行业温室气体排放的核算方法。

## 4.4.1 燃煤电厂制程排放的量化方法

燃煤电厂可能采用一种或多种脱硫剂，一些脱硫剂（例如包含碳酸钙或碳酸镁等成分）的使用可以产生二氧化碳的排放，组织应识别并报告该排放。排放量通过排放因子法进行计算，见式（4-4-1）：

$$E = \sum CAL_k * EF_k \qquad (4\text{-}4\text{-}1)$$

式中：$E$——脱硫过程的二氧化碳排放，单位为吨（t）；

$CAL$——第 $k$ 种脱硫剂中碳酸盐年消耗量，单位为吨（t）；

$EF$——第 $k$ 种脱硫剂中碳酸盐的排放因子，单位为吨二氧化碳每吨（$tCO_2/t$）；

$k$——脱硫剂的类型。

## 4.4.2 脱硫过程活动数据及其来源

脱硫剂中导致二氧化碳排放的组分为碳酸盐，故脱硫过程温室气体排放的活动数据按式（4-4-2）计算：

$$CAL_{k,y} = \sum B_{k,m} * I_k \qquad (4\text{-}4\text{-}2)$$

式中：$CAL_{k,y}$——燃煤电厂当年脱硫剂中碳酸盐的消耗量，单位为吨（t）；

$B_{k,m}$——脱硫剂 $k$ 在当年 $m$ 月中的消耗量，单位为吨（t）；

$I_k$——脱硫剂 $k$ 中碳酸盐的含量，单位为%，一般采用缺省值90%进行计算；

$y$——核算和报告年份；

$k$——脱硫剂的种类；

$m$——核算和报告年份中的某月。

燃煤电厂脱硫过程中脱硫剂消耗量的来源优先选择生产日报中每日脱硫剂的使用量，根据日使用量汇总为月使用量和年使用量。如果燃煤电厂未对脱硫剂的使用量进行单独监测，可通过财务或采购部门获得脱硫剂的购入量，将购入量视为使用量进行计算。

脱硫过程中排放因子按式（4-4-3）计算：

$$EF_k = EF_{k,t} * TR \qquad (4\text{-}4\text{-}3)$$

式中：$EF$——脱硫剂 $k$ 的排放因子，单位为吨二氧化碳每吨（$tCO_2/t$）；

$EF$——完全转化时脱硫过程的排放因子，单位为吨二氧化碳每吨（$tCO_2/t$）；

$TR$——转化率，%，默认脱硫过程转化率为 100%。

燃煤电厂常使用的脱硫剂碳酸盐完全转化的排放因子见表 4-4-2。

表 4-4-2　燃煤电厂常见脱硫剂碳酸盐完全转化排放因子缺省值

| 碳酸盐 | 排放因子（$tCO_2/t$ 碳酸盐） |
| --- | --- |
| $CaCO_3$ | 0.440 |
| $MgCO_3$ | 0.552 |
| $Na_2CO_3$ | 0.415 |
| $BaCO_3$ | 0.223 |
| $LiCO_3$ | 0.596 |
| $K_2CO_3$ | 0.318 |
| $SrCO_3$ | 0.298 |
| $NaHCO_3$ | 0.524 |
| $FeCO_3$ | 0.380 |

### 4.4.3　平板玻璃制程排放的量化方法

平板玻璃的制程排放包括原料配料中碳粉氧化的排放和原料分解产生的排放。

#### 1. 原料配料中碳粉氧化的排放

配料中所加入的碳粉全部氧化生成二氧化碳。活动水平数据是核算和报告期内碳粉的投入量和碳粉的含碳量，取组织计量的数据，单位为吨（t）。碳粉燃烧产生的二氧化碳排放量，按式（4-4-4）计算：

$$E_{工艺} = Q_e * C_e * 44/12 \qquad (4\text{-}4\text{-}4)$$

式中：$E_{工艺}$——核算和报告期内碳粉燃烧产生的二氧化碳排放量，单位为吨二氧化碳（$tCO_2$）；

$Q_e$——原料配料中碳粉消耗量，单位为吨（t）；

$C_e$——碳粉含碳量的加权平均值，单位为%，如缺少测量数据，可按照 100% 计算。

### 2. 原料分解产生的排放

平板玻璃生产过程中，原材料中的石灰石、白云石、纯碱等碳酸盐在高温熔融状态分解产生二氧化碳。碳酸盐分解产生的二氧化碳，按式（4-4-5）计算：

$$E_{\text{工艺}2} = \sum (M_i * EF_i * F_i) \tag{4-4-5}$$

式中：$E_{\text{工艺}2}$——核算和报告期内，原料碳酸盐分解产生的二氧化碳（$CO_2$）排放量，

单位为吨二氧化碳（$tCO_2$）；

$M_i$——消耗的碳酸盐 $i$ 的质量，单位为吨（t）；

$E_i$——第 $i$ 种碳酸盐特定的排放因子，单位为吨二氧化碳每吨（$tCO_2/t$）；

$F_i$——第 $i$ 种碳酸盐的煅烧比例，%，如缺少测量数据，可按照 100% 计算；

$i$——表示碳酸盐的种类。

## 4.4.4 案例分析

A 公司是位于广东省深圳市的一家外商独资电子信息企业，成立于 2005 年，注册资本 1 亿美元，现有员工 580 人，企业需量化和报告 2022 年温室气体排放，A 公司 2022 年详细数据见表 4-4-3。请计算温室气体排放量。

表 4-4-3 2022 年 A 公司基本情况表

| 项目 | 内 容 |
|---|---|
| 2022 年能源消耗 | 某照明有限公司 2022 年燃料消费量为：<br><br>1. 2022 年度，受核查方使用 15 kg/瓶规格的共 94 瓶，50 kg/瓶规格的共 200 瓶，液化石油气使用量合计 11.41 m³；<br><br>2. 受核查方公务车司机自行加油后根据油票报销的汽油活动数据为 12.7028 t；<br><br>3. 经核查 2022 年度受核查方仅 11 月份 2 张柴油发票使用记录，受核查方用来日常维护启动使用，柴油活动数据为 0.0101 t；<br><br>4. 受核查方拥有三块电表，记录电力使用情况，三块电表记录电力活动数据为 3696.2089 MW·h。<br><br>排放因子单位如下：<br><br>1. 液化石油气：3.1 tCO₂/m³；<br><br>2. 汽油：2.92 tCO₂/t；<br><br>3. 柴油：3.1 tCO₂/t；<br><br>4. 电力：0.9489 tCO₂/MW·h。 |

产生二氧化碳直接排放如表 4-4-4 所示。

表 4-4-4 产生二氧化碳直接排放

| 序号 | 基本信息 | | | 活动数据 | | 排放因子 | | 排放量 /tCO₂e |
| --- | --- | --- | --- | --- | --- | --- | --- | --- |
| | 排放源 | 设施/活动 | 排放源类型 | 数值 | 单位 | 数值 | 单位 | |
| 1 | 液化石油气 | 食堂炉灶 | E | 11.41 | t | 3.1 | tCO₂/m³ | 35.37 |
| 2 | 汽油 | 公务车 | T | 12.7028 | t | 2.92 | tCO₂/t | 37.09 |
| 3 | 柴油 | 货车 | T | 0.0101 | t | 3.1 | tCO₂/t | 0.031 |
| 4 | 电力 | 用电设备/设施 | / | 3696.2089 | MW·h | 0.9489 | tCO₂/（MW·h） | 3507 |
| 合　计 | | | | | | | | 3579.8 |

# 第5章　组织温室气体排放核查报告

## 5.1　建立温室气体信息管理程序

### 5.1.1　建立温室气体信息管理程序文件

建立温室气体量化和报告的工作流程如图 5-1-1 所示。

建立温室气体信息管理程序文件是确保温室气体排放数据准确性和可靠性的关键步骤。文件至少应包括以下内容：

（1）温室气体管理计划：明确温室气体管理的目标和策略，定义组织边界和核算范围。

（2）温室气体核算方法：选择和描述用于核算温室气体排放的方法和工具，包括生命周期评估（LCA）方法、温室气体排放因子等。

（3）数据收集和记录：描述数据收集的方法和工具，定义数据记录的标准和程序。

（4）数据质量控制：描述数据质量控制的流程和标准，包括数据质量定性分析和不确定性分析。

（5）温室气体排放报告：描述温室气体排放报告的编制流程和标准，包括报告的格式、频率和发布要求。

（6）核查和验证：描述核查和验证的流程和标准，包括内部核查和第三方核查的要求。

（7）数据安全和保密：描述数据安全和保密的措施和标准，包括数据存储、备份和访问控制的要求。

（8）持续改进：描述持续改进温室气体信息管理流程的流程和标准，包括定期审查和更新的要求。

（9）责任分配：明确温室气体信息管理的责任分配，包括负责温室气体信息管理的人员和部门。

通过建立这样一个温室气体信息管理程序文件，组织可以确保其温室气体排放数据的准确性和可靠性，并为制定减排措施和提高透明度提供基础。

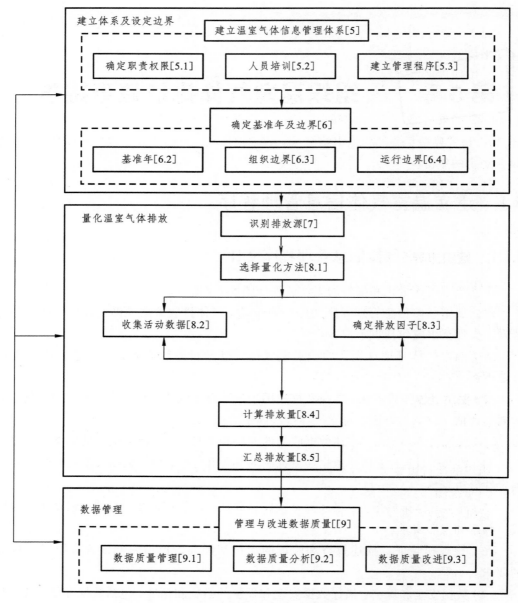

图 5-1-1　组织的温室气体量化和报告工作流程

## 5.1.2　确定基准年及边界

建立温室气体信息管理程序文件时，应设定基准年并确定组织边界和运行边界。

### 1. 设定基准年

应规定温室气体排放的基准年，以便提供参照或满足目标用户的预定用途。选择和

设定基准年时,组织应:

(1)使用有代表性的温室气体活动数据(一般可以是典型年的数据、多年平均值或移动平均值),对基准年的温室气体排放进行量化;

(2)选择具有可核查的温室气体排放数据的基准年;

(3)对基准年的选择做出解释;

(4)如果出现基准年改变的情形,应对其中的任何改变做出解释。

注1:"典型年"是指组织温室气体活动数据收集完整、量化数据质量高、生产及设备稳定的年份。

注2:"移动平均值"指每次温室气体量化和报告时,总以距离最近的多个连续年份的平均排放量作为基准,以消除温室气体排放量的异常波动,使温室气体排放量能进行有意义的比较。

### 2. 组织边界

应以独立法人为原则,采用运行控制权法确定组织拥有或控制的生产系统边界。生产系统包括主要生产系统、辅助生产系统以及直接为生产服务的附属生产系统,其中辅助生产系统包括动力、供电、供水、化验、机修、库房、运输等,附属生产系统包括职工食堂、车间浴室、保健站等。

注:附属生产系统原则上不包含职工宿舍在内。

### 3. 运行边界

应确定组织拥有或控制的业务的直接与间接温室气体排放的边界并形成文件。如果运行边界发生变化,应做出解释。

组织的运行边界可分为下列2个类别:

(1)范围一:直接温室气体排放。组织拥有或控制的排放源所产生的温室气体排放,这部分温室气体排放应予以量化。

注:组织应对源自生物质或生物质燃料燃烧产生的直接温室气体排放予以单独量化和报告,结果不应计入范围一。

(2)范围二:能源间接温室气体排放。组织消耗的外部输入的电力、热、冷或蒸汽生产所产生的间接温室气体排放。这部分温室气体排放并非发生在组织边界内部,但应予以量化。

注:组织应对源自生物质或生物质燃料燃烧产生的能源间接温室气体排放予以单独量化和报告,结果不应计入范围二。

### 4. 识别排放源

应识别范围一、范围二的温室气体源并形成文件。按下列方案对范围一进行分类:

(1)固定燃烧排放:制造电力、热、冷、蒸汽或其他能源产生的温室气体排放;

（2）移动燃烧排放：组织拥有或控制的原料、产品、固体废弃物与员工通勤等运输过程产生的温室气体排放；

（3）过程排放：生产过程中由于生物、物理或化学过程产生的温室气体排放；

（4）逸散排放：有意或无意的排放。

范围二包括外购电力、热、冷和蒸汽等。

附录一给出了常见行业的排放源识别，组织应识别范围一和范围二内所有的排放源。应将排放源识别工作的过程与结果形成文件，应填写《排放源识别表》。

### 5.1.3　计算排放量

#### 1. 选择量化方法

应选择和使用能得出准确、一致、可再现的结果的量化方法。应对量化方法的选择加以说明，并对先前使用的量化方法中的任何变化做出解释。

常见的量化方法包括以下 2 种：

（1）排放因子法。

$$温室气体排放量=温室气体活动数据×排放因子×GWP \qquad (5\text{-}1\text{-}1)$$

注：二氧化碳温室气体的 GWP 值为 1。

（2）物料平衡法。

一些化学反应等过程中涉及物质质量与能量的产生、消耗及转化，可以利用物料平衡的方法来计算某些排放源的温室气体排放量。

#### 2. 收集活动数据

应选择和收集与选定的量化方法要求相一致的温室气体活动数据。温室气体活动数据分为下列 3 类，数据质量依次递减，应优先选择质量较高的活动数据：

（1）连续测量数据：仪器不间断测量的活动数据；

（2）间歇测量数据：仪器间歇工作测量的活动数据；

（3）推估数据：非仪器测量的、根据一定方法推估的活动数据。附录一给出了一些常见的排放源的活动数据来源。

应将包含上述各文件在内的证据材料予以保存，并填写《活动数据收集表》。

#### 3. 确定排放因子

应考虑所选排放因子在计算期内的时效性，确保其满足相关性、一致性、准确性的原则。应对温室气体排放因子的确定或变化做出解释，并形成文件。

排放因子按照数据质量依次递减的顺序分为下列 6 类，应优先选择数据质量较高的排放因子：

（1）测量物料平衡法获得的排放因子：包括两类，一是根据经过计量检定、校准的仪器测量获得的数据；二是依据物料平衡法获得的因子，例如通过化学反应方程式与质量守恒推估的因子；

（2）相同工艺、设备的经验系数获得的排放因子：由相同的工艺或者设备根据相关经验和证据获得的因子；

（3）设备制造商提供的排放因子：由设备的制造厂商提供的与温室气体排放输出相关的系数计算所得的排放因子；

（4）区域排放因子：特定的地区或区域的排放因子；

（5）国家排放因子：特定国家或国家区域内的排放因子；

（6）国际排放因子：国际通用的排放因子。

应将相关的工作形成文件，填写表《排放因子选择表》。常见的排放因子参见附录二。

注：排放因子可以来源于公认的可靠资料，如来自《中国区域电网基准线排放因子》《2006 年 IPCC 国家温室气体清单指南》《省级温室气体清单编制指南》等公布的排放因子。

### 4. 计算排放量

应根据所选定的量化方法对温室气体排放进行计算，相关结果应以吨二氧化碳当量（$tCO_2e$）表示，应填写表《排放量计算表》。

对某些温室气体排放的量化在技术上不可行、量化成本高而收效不明显，且量化结果低于排除门槛的直接或间接的温室气体源可排除。对于在量化中所排除的温室气体源，应说明排除的理由。

注：组织温室气体量化的排除门槛设定为 0.5%，即所有被排除的排放源的排放量之和不得超过受核查方温室气体排放总量的 0.5%。

### 5. 汇总排放量

应将源层次的温室气体排放量汇总到组织层次并形成文件，填写表《温室气体排放汇总表》。

## 5.1.4  管理与改进数据质量

### 1. 数据质量管理

组织应规划温室气体排放数据质量管理活动，用于指导排放数据产生、记录、传递、汇报和报告工作的执行。典型的数据质量管理流程如图 5-1-2 所示。为了保证效率和完整性，组织应将相关方案整合到其已有的管理体系，并按照表 5-1-1 中的措施开展数据质量管理工作。

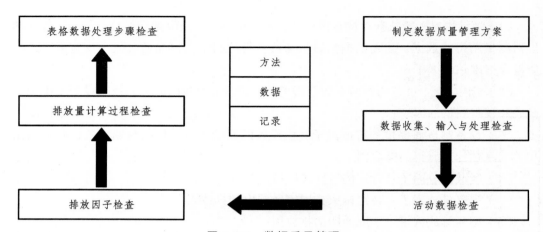

图 5-1-2　数据质量管理

表 5-1-1　数据质量管理方案

| 相关步骤 | 具体工作内容 |
| --- | --- |
| 数据收集、输入与处理检查 | 1. 核对输入数据样本的正确性；<br>2. 对于数据完整性的确定；<br>3. 确保对电子文档实施适当的版本控制规程。 |
| 活动数据检查 | 1. 确保活动数据统计的完整性；<br>2. 核对活动数据计算的正确性；<br>3. 不同统计方法对活动数据的交叉检验。 |
| 排放因子检查 | 1. 核对排放因子的单位及转换；<br>2. 确认排放因子的合理性；<br>3. 核对转换系数；<br>4. 确认系数转换过程的正确性；5. 确保排放因子的时效性。 |
| 排放量计算过程检查 | 1. 量化方法是否正确；<br>2. 与历年数据的比较。 |
| 表格数据处理步骤检查 | 1. 核对是否对工作表的输入数据和计算获得的数据做了明确的区分；<br>2. 手工或电子的方式核对具有代表性的计算样本；<br>3. 核对所有排放源类别、业务单元等的数据汇总；<br>4. 核对输入和计算在时间序列上的一致性；<br>5. 同类排放源不同部门的交叉比较。 |

## 2. 数据质量分析

应对温室气体量化和报告过程中的数据质量进行分析评价，并应根据表 5-1-2 中的要求，分别对活动数据、排放因子数据的数据质量等级进行评分。

表 5-1-2　数据质量评分表

| 数据质量等级评分 | | | | | | |
|---|---|---|---|---|---|---|
| 活动数据 | 评分 | 6 | | 3 | | 1 |
| | 类别 | 连续测量数据 | | 间歇测量数据 | | 推估数据 |
| 排放因子 | 评分 | 6 | 5 | 4 | 3 | 2 | 1 |
| | 类别 | 测量/物料平衡法所得的排放因子 | 相同工艺/设备的经验系数所得的排放因子 | 设备制造商提供的排放因子 | 区域排放因子 | 国家排放因子 | 国际排放因子 |

按表 5-1-2 的内容对各排放源的数据进行评分后，用如下公式计算温室气体数据质量总评分：

$$温室气体数据质量总评分 = \sum（源\,i\,活动数据评分值 \times 源\,i\,排放因子评分值 \times 源\,i\,排放量 \div 组织总排放量）$$

式中，源 $i$ 为组织第 $i$ 个排放源。

数据质量等级分为 L1~L6 六个等级，数据质量依次递减。按照表 5-1-3 获得温室气体清单的质量等级，定性描述组织编制的温室气体清单的质量。组织应将此过程形成文件。

表 5-1-3　温室气体清单质量等级表

| 数据质量等级（L） | 数据质量总评分（S）数值范围 |
|---|---|
| L1 | 31~36 |
| L2 | 25~30 |
| L3 | 19~24 |
| L4 | 13~18 |
| L5 | 7~12 |
| L6 | 1~6 |

## 3. 数据质量改进

应选择数据质量等级较高的活动数据和排放因子，并不断提升数据质量。对于数据质量的改进应形成相关文件。应开展内部审核，公正客观地评审所报告的温室气体排放信息。

### 4. 编制温室气体清单和报告

（1）编制温室气体清单。

温室气体清单应按照组织层次形成下列文件：排放源识别表；活动数据收集表；排放因子选择表；排放量计算表；温室气体排放汇总表。

（2）编制温室气体报告。

温室气体报告应包括：责任人；报告所覆盖的时间段；所选择的基准年的温室气体清单（当组织边界、运行边界或温室气体量化方法发生变更，并达到预先设定的重要限度时，应重新编制基准年温室气体清单）；对基准年或其他温室气体数据的任何变更或重新计算做出解释；对组织边界和运行边界的描述；阐明量化方法的选择，或指明有关的参考资料；对先前使用的量化方法中的任何变化做出解释；所采用的温室气体排放因子的文件或参考资料；对任何温室气体源的排除做出解释；对源自生物质或生物质燃料燃烧的排放进行识别；温室气体排放以吨二氧化碳当量为单位进行量化。

# 5.2 五金塑胶制品行业核查案例分析

## 5.2.1 基本信息

受核查方：×××有限公司

主要产品：生产和经营五金塑胶制品、键盘、鼠标、集线拨号器、电视天线、解码器、遥控器、电源器件、运动器材、新型电子元器件、片式元器件、新型机电元件、精密度高于 0.05 mm 的紧密型模具、模具标准件、非金属制品模具设计与制造、普通货运。

所属行业：五金塑胶制品行业。

## 5.2.2 目的和准则

### 1. 核查目的

一阶段核查目的：了解受核查方的温室气体边界及 GHG 信息体系的策划与建立情况，确认企业组织边界和运行边界设定的合理性，确认 GHG 排放源识别的充分性与完整性。了解企业温室气体数据和信息的准确性、完整性和可得性，为二阶段核查收集必要信息，并判断受核查方是否具备了第二阶段的核查条件。

二阶段核查目的：验证受核查方 GHG 相关控制的有效性以及所制定的 GHG 声明是否在实质性方面符合其标准、适用法律法规的要求及其他适用要求，并判定受核查方的 GHG 声明是否实质性的正确，并且公正地表达了 GHG 数据和信息。

### 2. 核查准则

（1）深圳市标准化指导性技术文件 SZDB/Z 69-2018《组织的温室气体排放量化和报告指南》；

（2）深圳市标准化指导性技术文件 SZDB/Z 70-2018《组织的温室气体排放核查指南》；

（3）《深圳市碳交易管控单位碳排放核查技术要点》；

（4）其他：_____。

### 3. 实质性偏差门槛值

（1）5%（排放量<1万吨二氧化碳当量）；

（2）4%（1万吨二氧化碳当量≤排放量<5万吨二氧化碳当量）；

（3）3%（5万吨二氧化碳当量≤排放量<10万吨二氧化碳当量）；

（4）2%（10万吨二氧化碳当量≤排放量<100万吨二氧化碳当量）；

（5）1%（排放量≥100万吨二氧化碳当量）。

## 5.2.3　组织边界确定方法：运行控制

组织边界描述：组织位于×××厂房 101、201、301 有限公司的所有设施，包括 1 栋车间、1 栋员工宿舍（含食堂）所有基于运行控制范围内与二氧化碳排放相关的活动。

注1：受核查方的食堂由×××管理有限公司承包，并签订第三方协议，受核查方提供 5000 kWh/月用电至乙方，超出部分由乙方支付电费。

注2：受核查方的车间 C 区、丝印组自动化车间、试模组车间、真空镀膜车间和模具车间外租至×××公司，用电由公司代收并开具等额收据。

注3：×××有限公司在受核查方区域内设立充电桩且签订合同，用电由公司代收并开具等额收据。

组织边界变化情况：　　　　□有　　　■无

运行边界变化情况：　　　　□有　　　■无

主要设备变化情况描述：　　□有　　　■无

## 5.2.4　核查结果

核查阶段：

■ 文件审核　　　　　2023 年 3 月 23 日　至 2022 年 3 月 23 日

■ 第一阶段现场核查　2023 年 3 月 23 日　至 2022 年 3 月 23 日

■ 第二阶段现场核查　2023 年 3 月 23 日　至 2022 年 3 月 23 日

■ 内部技术评审　　　2023 年 3 月 24 日　至 2022 年 3 月 24 日

2023 年温室气体排放量汇总如表 5-2-1 所示，总计为：**4764.62 tCO₂e**。

表 5-2-1　温室气体清单质量等级表

| 范围类别 | 排放量/tCO₂e |
|---|---|
| 范围一　直接温室气体排放 | 46.26 |
| 范围二　能源间接温室气体排放 | 4718.36 |
| 总　计 | **4764.62** |

2023 年其他温室气体排放量汇总如表 5-2-2 所示，总计为：**0 tCO₂e**。

表 5-2-2　温室气体清单质量等级表

| 范围类别 | 排放量/tCO₂e |
|---|---|
| 生物质或生物燃料燃烧排放 | 无 |

## 5.2.5　核查过程

### 1. 核查组的组成

根据核查机构内部的工作程序和相关核查员的专业能力，核查组由表 5-2-3 所示人员组成。

表 5-2-3　核查组的组成

| 核查阶段 | 组长 | 组员 |
|---|---|---|
| 一 | ××× | ××× |
| 二 | ××× | ××× |

### 2. 文件审核

对 2023 年组织 GHG 量化工具、2023 年组织温室气体量化报告、文件控制程序、记录控制程序、温室气体控制程序（包含温室气体量化和报告，数据质量管理要求）、组织架构图、工艺流程图、车间平面图、工业企业能源购进、消费及库存表等相关资料进行了文件评审，相关发现如表 5-2-4 所示。

表 5-2-4　文件审核发现

| 序号 | 文件名称 | 发现事项 |
|---|---|---|
| 1 | 2023 年组织 GHG 量化工具 | 无 |
| 2 | 组织架构图 | 无 |

核查组基于文件审核的发现识别了现场核查中需要重点关注的排放源，基于自身的风险考虑，在现场核查实施的抽样情况如表 5-2-5 所示。

表 5-2-5　现场核查抽样描述

| 类别 | 子类别 | 排放源 | 证据及抽样比例 |
|---|---|---|---|
| 范围一<br>直接温室气体排放 | 固定燃烧排放 | 无 | / |
| | 移动燃烧排放 | 柴油 | 2023 年 1 月~12 月柴油发票 145 张和内部记账单电子版 1 份，100%抽样 |
| | | 汽油 | 2023 年 1 月~12 月汽油发票 240 张和内部记账单电子版 1 份，100%抽样 |
| | 过程排放 | 无 | / |
| | 逸散排放 | 无 | / |
| 范围二<br>能源间接温室气体排放 | 外购电力 | 电力（南方电网） | 2023 年 1~12 月电费通知单 24 张，电费单发票 12 张，抄表记录电子版 1 份，100%抽样 |
| | 外购热 | 无 | / |
| | 外购冷 | 无 | / |
| | 外购蒸汽 | 无 | / |

**3．现场访问**

在现场访问过程中，核查组与受核查方相关人员进行了访谈，并对有关现场进行了走访，记录如表 5-2-6 所示。

表 5-2-6　现场访谈与走访记录

| 访谈对象 | 部门 | 职位 | 联系电话 | 走访场所及访谈内容 |
|---|---|---|---|---|
| ××× | 财务 | 经理 | ××× | 会议室、食堂、仓库、车间、配电房访谈公司组织边界，运行边界，排放源识别、配电房，电力等活动数据佐证资料的提供 |
| ×××× | 行政部 | 班长 | ××× | 会议室、食堂、宏阜、仓库、车间、配电房活动数据收集方式，汇总，整理；排放因子的选择，温室气体量化过程，公司 GHG 清单和量化报告的编制 |

## 5.2.6　核查评价

### 1．边界及排放源完整性核查

（1）运行边界及排放源核查。

与量化报告中组织边界描述是否一致：■是　　　　□否（详细描述）

组织边界变化情况说明：与 2022 年相比较，受核查方与外包食堂公司第三方签订协议，甲方免费提供用电 5000 kW·h/月，超出部分由乙方支付电费。由于受核查方在 2023 年中每月用电量都未超过 5000 kW·h，所以未剔除食堂用电。

（2）运行边界及排放源核查。

与量化报告中运行边界描述是否一致：■是　　　□否（详细描述）

运行边界变化情况说明：与 2022 年相比较，受核查方与外包食堂有限公司第三方签订协议，甲方免费提供用电 5000 kW·h /月，超出部分由乙方支付电费。由于受核查方在 2023 年中每月用电量都未超过 5000 kW·h，所以未剔除食堂用电。

排放源识别是否完整：■是　　　□否（详细描述）

排放源变化情况说明：无。

## 2. 量化方法、数据符合性核查

（1）量化方法的符合性核查。

核查组对受核查方提交的温室气体报告和清单中使用的温室气体量化方法进行了核查，确认温室气体清单和报告中选择的量化方法符合核查依据的要求。相关的量化方法描述如表 5-2-7 所示。

表 5-2-7　量化方法的描述

| 类别 | 子类别 | 排放源 | 使用的量化方法及公式 | 是否合理 |
|---|---|---|---|---|
| 范围一直接温室气体排放 | 固定燃烧排放 | 无 | / | / |
| | 移动燃烧排放 | 柴油（公务车） | 柴油 $CO_2$ 排放量<br>=排放因子*柴油使用量*GWP | 合理 |
| | | 汽油（公务车） | 汽油 $CO_2$ 排放量<br>=排放因子*汽油使用量*GWP | 合理 |
| | 过程排放 | 无 | / | / |
| | 逸散排放 | 无 | / | / |
| 范围二能源间接温室气体排放 | 外购电力 | 电力（南方电网） | 外购电力 $CO_2$ 排放量<br>=排放因子*外购电量*GWP | 合理 |
| | 外购热 | 无 | / | / |
| | 外购冷 | 无 | / | / |
| | 外购蒸汽 | 无 | / | / |

（2）活动数据的符合性核查。

① 直接温室气体排放。

直接温室气体排放参考表 5-2-8 所示汽油排放源活动数据符合性分析的内容，以及

表 5-2-9 所示柴油排放源活动数据符合性分析的内容。

表 5-2-8 汽油排放源活动数据符合性

| 直接温室气体排放活动数据 | 活动数据 1-汽油（公务车） |
|---|---|
| 数据来源 | 2023 年度加油站购油发票 |
| 监测方法 | 采用每次加油发票并记录，体积到质量的转换采用 0.775 kg/L 的缺省值； |
| 监测频次 | 间歇监测（按次监测） |
| 记录频次 | 按次记录 |
| 数据缺失处理 | 2023 年报告期内该排放源活动数据无缺失 |
| 交叉检查 | 财务内部导出数据和车辆加油发票记录 |
| 数据单位 | 吨 |
| 确认的数值 | 8.2641 |
| 备注 | 通过交叉检查，核查组认为基于加油站购油发票该数据能够反映企业的实际用量 |

表 5-2-9 柴油排放源活动数据符合性

| 直接温室气体排放活动数据 | 活动数据 2-柴油（货车） |
|---|---|
| 数据来源 | 2023 年度加油站购油发票 |
| 监测方法 | 采用每次加油发票并记录，体积到质量的转换采用 0.845kg/L 的缺省值； |
| 监测频次 | 间歇监测（按次监测） |
| 记录频次 | 按次记录 |
| 数据缺失处理 | 2023 年报告期内该排放源活动数据无缺失 |
| 交叉检查 | 财务内部导出数据和车辆加油发票记录 |
| 数据单位 | 吨 |
| 确认的数值 | 7.1397 |
| 备注 | 通过交叉检查,核查组认为基于加油站购油发票该数据能够反映企业的实际用量 |

② 能源间接温室气体排放。

能源间接温室气体排放参考表 5-2-10 所示外购电力排放源活动数据符合性的内容，以及表 5-2-11 所示外购电力活动数据汇总，合计 4972.45（MW·h）现场核查确认的当年电力消耗量。

表 5-2-10　外购电力符合性

| 能源间接温室气体排放活动数据 | 活动数据 1-外购电力 |
|---|---|
| 数据来源 | 供电局出具的电费通知单；<br>供电局出具的购电发票；<br>企业内部抄表统计表 |
| 监测方法 | 电表计量 |
| 监测频次 | 连续监测 |
| 记录频次 | 每月记录 |
| 数据缺失处理 | 2023 年报告期内该排放源活动数据无缺失 |
| 交叉检查 | 交叉比对供电局出具的电费通知单的用电量和供电局出具的购电发票上的用电量，电费单反应实际用电量准确 |
| 数据单位 | 兆瓦时 |
| 确认的数值 | 4972.45 |
| 备注 | 最终数据为电费单上数据-宏阜-充电桩 |

表 5-2-11　外购电力活动数据汇总

| 现场确认的<br>用户编号 | 现场确认<br>的电表编号 | 电表安装<br>地点 | 用电范围 | 现场核查确认的当年<br>电力消耗量/（MW·h） |
|---|---|---|---|---|
| 001 | 001 | 配电房 | 全厂 | 4566.285 |
| 002 | 002 | 配电房 | 全厂 | 2972.250 |
| 扣除电量 | | | 外租厂房用电 | −2565.402 |
| | | | 充电桩 | −0.683 |
| 合　计 | | | | 4972.45 |

*注：核查组可根据现场实际对该表进行调整。

（4）排放因子的符合性核查。

① 直接温室气体排放。

直接温室气体排放参考表 5-2-12 所示直接温室气体排放的排放因子符合性，数值均为合理。

表 5-2-12　直接温室气体排放的排放因子符合性

| 直接排放<br>排放因子 | 排放因子来源 | 排放因子单位 | 确认的数值 | 是否合理 |
|---|---|---|---|---|
| 柴油 | SZDB/Z 69—2018《组织的温室<br>气体排放量化和报告指南》 | $tCO_2/t$ 燃料 | 3.1 | 合理 |
| 汽油 | | $tCO_2/t$ 燃料 | 2.92 | 合理 |

② 能源间接温室气体排放。

能源间接温室气体排放参考表 5-2-13 所示能源间接温室气体排放的排放因子符合性，数值均为合理。

表 5-2-13　能源间接温室气体排放的排放因子符合性

| 能源间接排放<br>排放因子 | 排放因子来源 | 排放因子单位 | 确认的数值 | 是否合理 |
|---|---|---|---|---|
| 外购电力 | SZDB/Z69—2018《组织的温室气体排放量化和报告指南》及 2022 年《中国区域电网基准线排放因子》 | $tCO_2/MWh$ | 0.9489 | 合理 |

### 3. 温室气体排放量计算过程及结果

温室气体排放量计算过程及结果参考表 5-2-14 所示温室气体排放量计算表，合计 4764.62（$tCO_2e$）排放量。

表 5-2-14　温室气体排放量计算表

| 序号 | 基本信息 | | | 活动数据 | | 排放因子 | | 排放量<br>（$tCO_2e$） |
|---|---|---|---|---|---|---|---|---|
| | 排放源 | 设施/活动 | 排放源类型 | 数值 | 单位 | 数值 | 单位 | |
| 1 | 汽油 | 公务车 | T | 8.2641 | t | 2.92 | $tCO_2/t$ | 24.1311 |
| 2 | 柴油 | 货车 | T | 7.1397 | t | 3.1 | $tCO_2/t$ | 22.1330 |
| 3 | 电力 | 向南方电网购电 | / | 4972.45 | MWh | 0.9489 | $tCO_2/MWh$ | 4718.3578 |
| 合计 | | | | | | | | 4764.62 |

### 4. 排放量波动的原因分析

组织温室气体排放量较上一年度波动幅度超过 20% 时，须进行波动原因分析。

$$波动幅度 = \left( \frac{核查年度温室气体排放量 - 上一年度温室气体排放量}{上一年度温室气体排放量} \right) \times 100\%$$

2022 年度该公司的二氧化碳排放量为 5539.12 $tCO_2e$，2023 年度二氧化碳排放总量为 4764.62 $tCO_2e$，相较 2022 年下降了约 14%，波动不超过 20%，不存在明显的排放量波动情况。

### 5. 温室气体信息管理体系的符合性评价

经过核查确认，受核查方的温室气体资源、温室气体管理程序等检查均符合标准要求。

## 6. 核查准则符合性评价

经过核查确认，受核查方在温室气体量化、监测和报告的方法或方法学采用的准则满足要求；所提交的 2023 年温室气体量化报告的内容满足完整的、一致的、准确的和透明的要求。

## 7. 组织温室气体声明符合性评价

组织声明的温室气体排放量偏差在实质性偏差以内，满足合理保证等级的要求。

（1）核查声明及结论。

通过对该公司开展的文件评审和现场核查，在核查发现得到关闭和澄清之后，核查组认为：

该公司报告的 2023 年 1 月 1 日至 2023 年 12 月 31 日的温室气体排放信息和数据是可核查的，且满足深圳市标准化指导性技术文件 SZDB/Z69—2018《组织的温室气体排放量化和报告指南》的要求。

该公司 2023 年 1 月 1 日至 2023 年 12 月 31 日的温室气体直接排放量为 46.26 吨二氧化碳当量，能源间接温室气体排放量为 4718.36 吨二氧化碳当量，总排放量为 4764.62 吨二氧化碳当量。

### 附件 1    组织边界描述示意图

组织位于 101、201、301 该公司的所有设施，包括 1 栋车间、1 栋员工宿舍（含食堂）所有基于运行控制范围内与二氧化碳排放相关的活动，如表 5-2-15 运行边界描述及示意表所示。

注 1：受核查方的食堂由×××管理有限公司承包，并签订第三方协议，受核查方提供 5000 kW·h/月用电至乙方，超出部分由乙方支付电费。

注 2：受核查方的车间 C 区、丝印组自动化车间、试模组车间、真空镀膜车间和模具车间外租至×××公司，用电由公司代收并开具等额收据。

注 3：×××有限公司在受核查方区域内设立充电桩且签订合同，用电由公司代收并开具等额收据。

表 5-2-15    运行边界描述及示所示

| 类别 | | 排放源类型（E, T, P, F） | 序号 | 排放源 | 设施/活动 |
|---|---|---|---|---|---|
| 范围一直接温室气体排放 | 固定燃烧排放（E） | E | / | / | / |
| | 移动燃烧排放（T） | T | 1 | 汽油 | 公务车 |
| | | T | 2 | 柴油 | 货车 |
| | 逸散排放 | F | / | / | / |
| 范围二  能源间接温室气体排放 | | / | 3 | 电力 | 向南方电网购电（工厂和生产区） |

表 5-2-16　本年度主要设备的变动

| 设备类型 | 变动情况描述（影响排放结果的情形均要进行描述） |
|---|---|
| 温控设备 | 无 |
| 生产设施 | 无 |
| 能源设备 | 无 |
| 其他设备 | 无 |

注：设备类型分类如下：

（1）温控设施：如中央空调、通风换气等设备；

（2）生产设施：从原材料到检验包装的全部设备，如锅炉设备、空压机等；

（3）能源设施：如发电机、变频器、功率因数补偿器等；

（4）其他设施：略。

## 5.3　组织的温室气体排放核查

### 5.3.1　核查流程

组织的温室气体排放核查流程如图 5-3-1 所示。

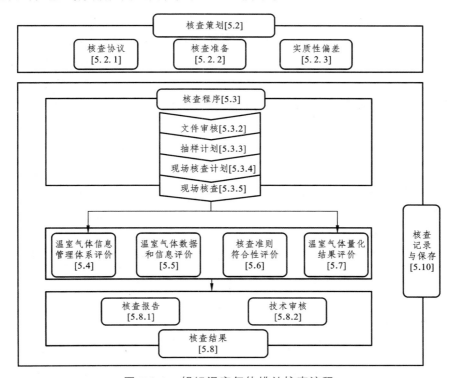

图 5-3-1　组织温室气体排放核查流程

### 5.3.2 核查策划

#### 1. 核查协议

核查机构应与委托方签订核查协议。核查协议应包括核查目的、核查范围、核查准则、核查年份、双方责任和义务、保密条款、核查费用、协议的解除、赔偿等相关内容。

#### 2. 核查准备

核查机构应在与委托方签订核查协议之后，选择具有相关资质的核查组长和核查员组成核查组。核查组长制定核查计划并明确核查组成员的任务分工。

核查组长应与组织的管理者和/或负责编制温室气体清单的人员进行有效沟通：

（1）确定沟通渠道；

（2）商定核查目的及准则，包括组织所遵从的标准规定的原则；

（3）向组织说明核查将如何开展；

（4）商定核查范围，包括组织边界、温室气体源、温室气体类型、时间段等；

（5）组织事先准备可作为证据支持的数据和信息；

（6）为组织提供提问的机会。

#### 3. 实质性偏差

核查活动的实质性偏差门槛值按温室气体排放量分为 5 个等级：

（1）排放量<1 万吨二氧化碳当量的，实质性偏差门槛值为 5%；

（2）1 万吨二氧化碳当量≤排放量<5 万吨二氧化碳当量的，实质性偏差门槛值为 4%；

（3）5 万吨二氧化碳当量≤排放量<10 万吨二氧化碳当量的，实质性偏差门槛值为 3%；

（4）10 万吨二氧化碳当量≤排放量<100 万吨二氧化碳当量的，实质性偏差门槛值为 2%；

（5）排放量≥100 万吨二氧化碳当量的，实质性偏差门槛值为 1%。

在给定条件下，如果报告中的一个偏差或多个偏差的累积，达到或超过了规定的实质性偏差门槛值，即被视为不符合。

注：实质性偏差的计算公式为：实质性偏差=（组织量化报告排放量－核查机构核查排放量）/核查机构核查排放量*100%。

### 5.3.3 核查程序

#### 1. 概述

核查机构应按照文件审核、编写抽样计划和现场核查计划以及现场核查的程序，对

组织的温室气体排放实施核查。

## 2. 文件审核

核查组应对组织提交的温室气体清单和报告、此前相关的核查报告和温室气体清单以及温室气体信息管理体系（包括职责权限确定、人员培训、温室气体文件和记录管理程序、温室气体量化和报告程序、数据质量管理程序等）文件进行审核。

核查组宜对组织提交的工艺流程图、电力计量网络图、组织平面布局图、组织架构图、《工业企业能源购进、消费及库存》表以及其他相关资料（包括设备清单、燃料清单等）进行审核。

## 3. 抽样计划

核查组在制订抽样计划时，应考虑：

（1）核查范围；

（2）核查准则；

（3）所需的定量或定性数据的数量和类型；

（4）选择有代表性样本的方法；

（5）潜在错误、遗漏或错误解释的风险；

（6）先前的核查结论（如适用）；

（7）抽样方法。

核查组应确定各排放源/设施的抽样比例，应参照下列抽样方法：

如果组织包含多个场所，应首先识别和分析各场所的差异。当各场所的业务范围和温室气体源的类型差异较大时，则每个场所均要进行现场审核；仅当各场所的业务活动、设施、设备以及温室气体源的类型均较相似时，才对场所进行抽样。抽样的场所数 $Y = X$（$X$ 为总的场所数，数值取整时进 1），最多不超过 20 个。当存在 4 个及以上相似场所时，当年抽取的样本与上一年度抽取的样本重复率不超过 50%。

应考虑为每个抽样场所制订单独的抽样计划：

（1）燃烧化石燃料的温室气体排放：根据各排放源活动数据的数量水平，原则上应对所有相关活动数据进行 100% 核查，如果活动数据的核算单据量很大，抽样比例至少为 60%，且为典型排放的月份；

（2）过程排放：原则上应对所有相关活动数据进行 100% 核查，如果活动数据的核算单据量很大，抽样比例至少为 60%，且为典型排放的月份；

（3）逸散排放：抽样比例至少为 30%，且为典型排放的设备；

（4）能源间接温室气体排放：应对所有月度汇总活动数据进行核查，即抽样率为 100%。

注 1：单据量很大，指活动数据的证据（通常指纸质发票、报销单、验收单等）零

散、数量多，且每张单据上记录的活动数据计算出来的温室气体排放量相对组织的温室气体排放很小。

注 2：在过程中，某些原/辅材料在化学反应等过程中会产生温室气体；因受生产订单、业务淡/旺季等的影响，这些原/辅材料的月度消耗量会呈现波动的情况。在年消耗均线之上的月份称为典型排放的月份。

在核查中，当发现温室气体信息和数据有实质性偏差等方面的问题时，应对所选择的抽样方法和信息样本做出相应的更改。

### 4. 现场核查计划

现场核查计划应包括核查准则、核查范围、实质性偏差门槛值、核查活动及日程安排等内容。

原则上，现场核查应分为两阶段进行（第一阶段现场核查和第二阶段现场核查），每个阶段现场核查均应制订现场核查计划。如果组织的运行边界比较简单、排放源较少，且温室气体管理体系较完善，则可以只进行一次现场核查。必要时，可以现场修订核查计划。

**1）第一阶段现场核查计划**

第一阶段现场核查计划内容应重点考虑以下方面：

（1）组织边界，包括地理、多场所信息、设施和排放源；

（2）运行边界；

（3）温室气体信息管理体系；

（4）文件审核的发现；

（5）抽样计划中的待核查点；

（6）温室气体数据和信息的准确性、完整性和可得性等。

**2）第二阶段现场核查计划**

第二阶段现场核查计划内容应重点考虑以下方面：

（1）重新检查和跟踪第一阶段现场核查发现的问题；

（2）温室气体排放的量化过程，包括选择量化方法、收集活动数据、确定排放因子以及计算温室气体排放量等；

（3）基准年的重新计算（如适用）；

（4）现场重要排放源的核查；

（5）温室气体数据和信息；

（6）温室气体信息管理体系；

（7）温室气体清单的编制与报告。

## 5.3.4　现场核查

现场核查工作应以首次会议开始，并以末次会议结束。

在首次会议上，核查组向组织介绍本次现场核查的工作范围、核查准则、实质性偏差门槛值、核查方法、核查组成员和核查流程等。第二阶段现场核查的首次会议，核查组还应总结第一阶段现场核查的发现事项。此外，组织应介绍其指定的现场核查的温室气体小组和负责人，以便双方进行有效沟通。

在核查过程中，核查者应做好核查过程记录，以备后续查验。所采取的核查方法应当包括但不限于下述内容：

（1）现场观察作业活动；

（2）现场检查计量器具等；

（3）抽样原始数据和信息，以检查数据的追溯性；

（4）检查相关文件、记录和凭证等；

（5）确认报告的温室气体计算过程和结果是正确的；

（6）与涉及的系统、程序、运行控制的相关人员进行面谈和讨论；在末次会议上，核查组应总结本次现场核查发现。

### 1. 温室气体信息管理体系评价

#### 1）温室气体管理资源评价

核查者应按下列方式进行评价：

（1）确定职责和权限的方式；

（2）确定人员资格的方式；

（3）时间和资源配置决策方式；

（4）人员培训。

#### 2）温室气体管理程序评价

核查者应按下列方式进行评价：

（1）温室气体数据和信息等文件和记录的保管，按照信息管理程序的要求进行收集、归档、保存及管理的过程；

（2）确定组织边界的过程及其论证；

（3）识别温室气体源的方法；

（4）识别测量技术和数据源的方法；

（5）温室气体量化方法的选择、论证和应用；

（6）收集、处理和报告温室气体信息的过程与工具的选择和应用；

（7）对其他有关系统所产生的影响的评价方法；

（8）对信息体系修改的授权、批准及形成文件的程序；

（9）对数据和信息的常规检查、定期评价，以寻求改进数据质量的程序。

检查温室气体信息的方法可归纳为输入控制、转换控制和输出控制三种类型。

（1）输入控制：对数据从测量或量化值转化为有形记录时所发生错误的检查；

（2）转换控制：对输入数据进行汇编、转换、处理、计算、估算、合并、分解或修改时所发生错误的检查；

（3）输出控制：围绕温室气体信息的配送和在输入、输出信息间进行比较时所发生错误的检查。

表 5-3-1 列出了常用的错误检查方法。

表 5-3-1  常用的错误检查方法

| 错误检查类型 | 可能的检查方法 |
|---|---|
| 输入 | 1. 记录数；<br>2. 数据和信息的有效性检查；<br>3. 遗漏数据检查；<br>4. 限值和合理性检查；<br>5. 对重复使用错误数据的控制 |
| 转换 | 1. 空白试验；<br>2. 一致性测试；<br>3. 交叉检查试验；<br>4. 限值和合理性检查；<br>5. 文档控制 |
| 输出 | 1. 输出分配控制；<br>2. 输入/输出控制 |

### 2. 温室气体数据和信息评价

核查组应从下列方面对组织的温室气体信息进行评价：

（1）温室气体信息的完整性、一致性、准确性、透明性、相关性和（必要的）保守性，包括原始数据的来源；

（2）所选用温室气体排放量化方法的适用性；

（3）通过其他量化方法对温室气体信息进行交叉检查；

（4）对用来监测和测量温室气体排放的设备进行维护和校准的制度（如适用）；

（5）其他可能对温室气体量化产生重大影响的因素。

（6）证据收集。

#### 1）温室气体信息分类

支持温室气体信息准确性和可靠性的程度取决于数据来源和收集、计算、传输、处理、分析、合并、分解和储存温室气体信息的方式。对温室气体信息进行分类有助于核查者判断不同信息来源的准确性和可靠性。

表 5-3-2 温室气体排放信息评价示例 提供了根据排放分类和温室气体量化方法对温室气体排放进行核查时所评价的信息类型的示例。

表 5-3-2　温室气体排放信息评价示例

| 温室气体排放类别 | 信息类型 |
|---|---|
| 燃烧源（固定源、移动源） | 1. 燃料类型；<br>2. 燃料消耗量；<br>3. 燃烧效率；<br>4. 碳氧化率 |
| 外购能源（如外购电力、热、冷或蒸汽等） | 1. 外购能源的生产来源；<br>2. 每千瓦时能量所产生的温室气体排放（即排放因子）；<br>3. 传输和配送过程中的损失；<br>4. 所消耗的电力（千瓦时）；<br>5. 设备校准；<br>6. 以上信息同样适用于外购的热、冷和蒸汽 |

**2）证据类型**

核查活动收集的证据一般包括物理证据、文件证据和证人证据 3 种类型。

物理证据，指可见的或可触及的，如计量燃料或其他公用资源耗用的仪表、排放监测设备、校准设备等。物理证据是通过对设备或过程的直接观察取得的。物理证据有说服力，因为它能够证实被核查的组织确实在收集相关的数据。

文件证据，指以纸质或电子媒介记载的信息，包括运行和控制程序、工作日志、检查单、票据和分析结果等。文件证据应以查看原件为基本原则，在有据可循的情况下，可接受电子扫描件、复印件以及照片等形式。

证人证据，指通过和从事技术、操作、行政或管理等方面的人员面谈收集的信息。证人证据为理解物理证据和文件证据提供了背景信息，但其可靠性取决于面谈对象的知识水平和客观性。

**3）检验方法**

核查中，可采用多种检验方法，如对数据进行交叉检查，以检查是否有遗漏或抄写错误；对历史数据进行验算；或对证明某项活动的文件进行交叉检查。检验的类型应包括：

（1）寻求根据：通过追溯原始数据的书面材料来发现所报告的温室气体信息中的错误。例如，通过付款部门保存的供方发票对外购燃油数量进行核实，由此断定所报告的温室气体信息都是有依据的。

（2）验算：检查计算是否正确。

（3）数据追溯：通过交叉检查原始数据记录，来发现所报告的温室气体信息有无遗漏。例如，对测量多个排放源所测得的温室气体排放数据进行交叉检查，以便核查者核

实所有排放源都纳入了清单之内。

（4）确认：寻求独立第三方的书面确认。这可以用于核查者无法进行实际观测的情况，例如对流量计的校准。

**4）异常情况的评价**

核查者除检查正常运行条件下的温室气体排放源外，还应评价异常情况下的排放，例如在启动、关闭或紧急情况下，或启用设施正常操作之外的程序时等。

**5）温室气体信息的交叉检查**

在许多情况下，存在不止一种对温室气体信息进行量化的方法，也可以通过其他渠道获得原始数据。这样可以对温室气体信息的量化进行交叉检查，以提高信息质量。交叉检查的类型包括：

（1）过程范围内的内部交叉检查；

（2）组织范围内的内部交叉检查；

（3）行业范围内的交叉检查；

（4）比对国际信息进行交叉检查。

交叉检查应采用信息化系统、通知单、收据、发票、合同以及抄表记录等相关证明材料。具体的交叉检查操作可参考附录一。

**3. 核查准则符合性评价**

核查者应确认组织是否遵守核查准则。核查者应根据核查准则评价组织是否：

（1）已经采用准则要求的温室气体量化和报告的方法；

（2）所提交报告的内容是完整的、一致的、准确的和透明的；

（3）标准的原则和要求有充分的理解并有能力满足；

（4）已对组织边界的显著变更做出论证并形成文件，这些变更是在上次核查期以后发生的，可能引起组织排放的实质性改变。

**4. 温室气体量化结果评价**

核查者应评估在温室气体信息管理体系、温室气体数据和信息的评价过程中收集的证据是否充分，是否能够支持温室气体量化结果。核查者在评估收集的证据时应考虑排除门槛，并对温室气体量化结果的实质性偏差做出结论。

如果组织对温室气体量化结果做出修改，核查者应对修改后的温室气体量化结果进行评价，以确定所提供的证据能够支持这些修改。核查者应在上述评价的基础上形成核查报告。

核查机构应将核查的过程和结果形成报告。核查报告应包括下列内容：

（1）核查组织名称；

（2）组织温室气体报告覆盖时间段；

（3）核查准则；

（4）实质性偏差门槛值；

（5）核查范围；

（6）核查小组；

（7）核查方法与程序；

（8）温室气体排放源的排除；

（9）核查发现是否全部纠正和澄清；

（10）组织温室气体排放汇总；

（11）核查结论；

（12）核查报告撰写人、技术评审及批准人；

（13）核查报告的日期。

核查者应先将核查报告草案提交组织，以确认相关信息的正确性。如果组织对其正确性满意，方可公布核查最终版本。如果组织要求对报告草案做出重大更改，修改后的内容在发布前应取得核查组长的同意。

**1）技术审核**

核查机构应对核查组提交的过程文件及核查报告的完整性、准确性及规范性进行技术审核。

过程文件应包括且不限于文件审核表、抽样计划表、现场审核记录表、核查发现表、排放源数据清单等文件。

注：技术审核人员应具有相关资质，且不应为核查组成员。

**2）核查报告的限定条件**

核查报告应明确地表述下列情况：

（1）核查者认为温室气体信息在部分或所有方面不符合商定的核查准则；

（2）核查者认为就核查准则而言，组织的温室气体量化结果是不恰当的；

（3）核查者无法根据核查准则评价温室气体信息在某个方面的符合性取得了充足、适当和客观的证据；

（4）核查者认为有必要对所报告的观点加以限定。

**3）限定条件的类型**

核查者应对核查报告出现的下列几种情况做出限定：

（1）温室气体量化结果对温室气体源的不适当量化；

（2）未能公布关键信息，或提供方式不恰当；

（3）其他情况，如：

① 与核查的时间安排有的情况关，如在计划外的维修期间无法观察运行活动和监

测设备的运行；

②　组织或核查者无法控制的情况，如温室气体信息毁于自然灾害；

③　组织造成的限制情况，如未保存足够的温室气体记录。

**4）核查报告的修订**

当发生下列情况时，核查组应对核查报告进行修订：

（1）发现了影响实质性偏差的错误、遗漏或解释；

（2）发生了影响温室气体量化结果的事件；

（3）发生了影响核查报告确定的范围的事件；

（4）即使配合温室气体量化结果阅读，核查报告也可能会引起误解。

当核查组确定有必要在核查报告中指明限定条件时，应对报告进行相应的修改，以提醒目标用户注意这些限定条件。这些修改包括：

（1）所有的限定条件；

（2）对每个限定条件充分说明理由；

（3）如果对所涉及问题的影响引起的限定条件能够做出合理判断，应说明对温室气体量化结果影响的形式及程度；

（4）如果对所涉及问题的影响引起的限定条件无法做出判断，应说明理由。

**5）核查结论**

核查结论应包括：

（1）适合限定条件类型的措辞；

（2）与限定条件的关联。

**6）否定的核查报告**

如果核查者认为限定条件不恰当，可做出否定的核查报告。核查者也可以说明无法获取充分、适应的证据，来证明温室气体量化结果已按照核查准则的要求进行了公平表述。

**7）事后发现实质性偏差的处理**

核查者如果在发布核查报告后发现了一些错误或遗漏，有下列两种处理方式：

（1）如果事后发现的错误或遗漏的累积偏差在实质性偏差门槛值范围内，则鼓励核查机构与组织一起纠正发现的错误或遗漏；

（2）如果事后发现的错误或遗漏的累积偏差达到或超过了实质性偏差门槛值，则核查机构应重新核查组织的温室气体排放数据并重新发布核查报告。

**8）核查记录与保存**

核查机构应做好对记录和文件的安全保护工作。记录和文件可以是电子的或纸质的，应至少保存 10 年。核查机构应至少保存下列记录和文件：

（1）核查活动的相关记录表单，如文件审核表、抽样计划表、核查计划表、现场核查记录、核查发现表等；

（2）组织温室气体量化报告；

（3）组织温室气体核查报告；

（4）组织温室气体核查信息确认书；其他组织温室气体排放情况说明资料（如适用）；对核查的后续跟踪（如适用）；

（5）信息交流记录，如和委托方、专家及其他利益相关方的书面沟通副本及重要口头沟通记录等；

（6）其他备份文件。

核查机构应对所有与组织利益相关的记录和文件进行保密。

# 5.4  汽车零部件制造业核查案例分析

## 5.4.1  基本情况的核查

企业简介：核查组通过审查企业的温室气体排放报告、营业执照、公司简介、组织机构图等资料，以及查看现场并访谈企业相关负责人，核实企业的基本信息如下：

该公司位于工业园，2006 年注册，占地 30 多万平方米，是集生产、经营及加工于一体的综合性企业。

企业拥有 200 多名技术人员组成的自主研发团队，先后获得 230 多项专利和 20 多项科技成果。技术中心于 2017 年被认定为国家企业技术中心，现有工作人员全部为大专以上学历，其中硕士 5 人，本科 123 人，高级工程师 3 人，中级工程师 33 人。生产的车轮公称直径为 14～22 英寸，公称宽度为 4～10 英寸,（外形尺寸最大 500mm*280mm，最小 300mm*125mm）；产品结构为 12～14 英寸的产品占总产能的 12%，15～16 英寸的产品占总产能的 70%，17～18 英寸的产品占总产能的 15%，19～20 英寸的产品占总产能的 3%。企业参与《汽车车轮用铸造铝合金》（GB/T23301—2009）的编制，该标准已由中国标准出版社出版发行。企业 2023 年主要能源消耗种类为天然气、电力和热力。主要碳排放源为消耗天然气产生直接排放的生产设施，如热处理炉、熔炼炉等；消耗电力产生间接排放的生产设施，如低压铸造机、数控车床、机加中心机等；消耗热力产生间接排放的采暖设施。

## 5.4.2  主要产品和产量

通过查阅企业 2023 年度《工业产销总值及主要产品产量》及现场访问企业负责人，核查组确认企业主要产品为铝合金轮毂，2023 年企业产品及产量详见表 5-4-1。

通过查阅企业2023年度《工业产销总值及主要产品产量》及现场访问企业负责人，核查组确认了企业工业总产值数据。2023年企业工业总产值详见表5-4-2。

表 5-4-1　企业产品产量表

| 月　份 | 产量（万只） |
| --- | --- |
| 1 月 | 31.2 |
| 2 月 | 17.9 |
| 3 月 | 40.8 |
| 4 月 | 29.9 |
| 5 月 | 29.1 |
| 6 月 | 30.1 |
| 7 月 | 31 |
| 8 月 | 34 |
| 9 月 | 36.5 |
| 10 月 | 42.5 |
| 11 月 | 42.3 |
| 12 月 | 44.4 |
| 合计 | 409.7 |

表 5-4-2　企业工业总产值表

| 工业总产值（万元） | 129144.705 | 数据来源 | 《工业产销总值及主要产品产量》 |
| --- | --- | --- | --- |
| | | | |
| | | | |

## 5.4.3　主要生产工艺

公司生产工艺包括铝合金原料融化、铸造、热处理、机加工、涂装和包装等几个工序。原料融化是在本单位完成，然后经过铸造、热处理、机加工、涂装和包装等几道工序制成成品轮毂，见图5-4-1所示铝合金轮毂工艺流程图。

铝合金轮毂生产工艺流程如图5-4-1所示。

图 5-4-1　铝合金轮毂生产工艺流程

铸造：铝合金原料熔化后进入低压铸造机，模具在上、铝液在下，在低压状态下铝液上升，通过烧冒口铸造，形成轮毂毛坯。

热处理：铸造出来的毛坯，除去毛刺后进行 X 光检验，测试合格的毛坯进入 540 ℃的热处理炉，持续保温 6 h，热处理后的产品在 80 ℃的水中进行淬火，淬火后的毛坯在 140 ℃的环境中持续 5 h 的人工时效。热处理工艺流程如图 5-2-2 所示。

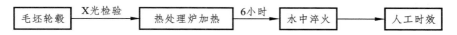

图 5-4-2　热处理工艺流程

机加工：经过人工时效的毛坯轮毂转入机加工车间，在数控车床加工中心进行产品的机械加工，在毛坯轮毂上钻装饰孔、PCD 孔及气门芯孔，然后进行打磨抛光处理，抛光后的轮毂需进行气密性和平衡度的测试、尺寸检查。机加工工艺流程如图 5-4-3 所示。

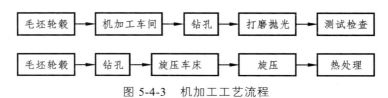

图 5-4-3　机加工工艺流程

涂装：机加工后的合格轮毂转入涂装车间，进行产品的表面处理后进行喷涂。涂装工序流程如图 5-4-4 所示。

① 预脱脂：工艺要求 55 ～ 65 ℃温度下，喷压 1.2 ～ 1.3 kg/m²，此项工序的目的是初洗工件表面灰尘、铝屑及油脂。

② 脱脂：目的与脱脂相同，工艺要求温度为 50 ～ 60 ℃，喷压 1.2 ～ 1.3 kg/m²。

③ 水洗：清洗工件表面碱液，常温水洗两次，喷压 1.2 ～ 1.3 kg/m²。

④ 酸洗：30 ～ 38 ℃下酸洗，喷压 0.6 ～ 0.8 kg/m²。

⑤ 纯水洗：两次，常温，喷压 1.2 ～ 1.3 kg/m²，可去除工件表面酸液。

⑥ 钝化：30 ～ 38 ℃下钝化，喷压 0.6 ～ 0.8 kg/m²，可增强涂料和铝材表面的附着力，提高防腐性能。

⑦ 纯水洗：常温，两次，喷压 1.2 ～ 1.3 kg/m²，可清洗工件表面钝化残液。

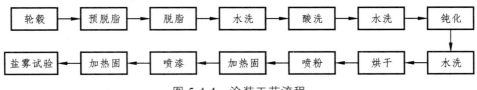

图 5-4-4　涂装工艺流程

## 5.4.4　能源消费情况

通过查阅企业 2023 年度报统计局《能源购进、消费与库存》（B205-1）报表，以及

企业提供的能源统计台账，核查组确认了企业能源消费情况，其中《能源购进、消费与库存》（B205-1）报表中能源的消费量与能源统计台账有细微差别，主要是由于企业报统计局报表和能源统计台账统计周期口径不一致，经咨询企业，最终以统计台账的能源消耗量为准。企业2023年综合能源消费量详见表5-4-3。

表 5-4-3　企业 2023 年综合能源消费情况表

| 能源品种 | 计量单位 | 消费量 | 加工转换投入合计 | 能源加工转换产出 | 回收利用 | 折标系数（tce/万 kWh; tce/t） |
|---|---|---|---|---|---|---|
| 电力 | 万千瓦时 | 7371.70 | | | | 1.229 |
| 天然气 | 万立方米 | 1501 | | | | 13.3 |
| 热力 | 吉焦 | 21677 | | | | 0.03412 |
| 能源合计 | 吨标准煤 | 29916.28 | | | | —— |
| 综合能源消费量 | 万吨标准煤 | 2.99 | | | | |

核查组于2023年对企业进行了现场核查。现场核查的流程包括与企业有关人员进行初步交流、收集和查看现场前未提供的支持性材料、现场查看相关排放设施及测量设备、核查组内部讨论、与企业再次沟通等环节。文件评审及现场访问发现的主要问题在后续章节中描述。组织机构图如图5-4-5所示。

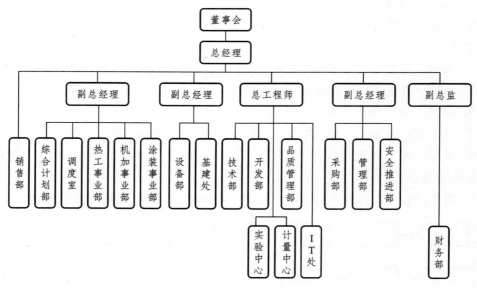

图 5-4-5　组织机构图

核查组成员在核查准备阶段仔细审阅了企业2023年温室气体排放报告，了解被核查企业核算边界、生产工艺流程、碳排放源构成、适用核算方法、活动水平数据、排放因子、数据监测情况等信息，确定现场核查重点并制订核查计划，明确核查工作主要内容、时间进度安排、核查组成员任务分工等。核查组将文件评审工作贯穿核查工作的始终。厂区平面布置如图 5-4-6 所示。

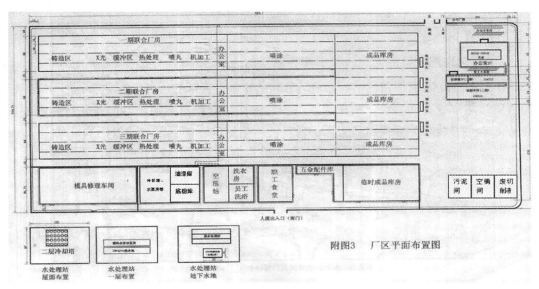

图 5-4-6　厂区平面布置

## 1. 能源管理的环节

能源购进、消费与库存是能源管理中的三个重要环节，它们相互关联，共同构成了能源供应链的重要组成部分。下面介绍这三个环节的定义和它们之间的关系。

### 1）能源购进

能源购进是指企业、机构或国家为了满足生产和消费需求，从能源供应商处购买能源资源的过程。这些资源可以包括煤炭、石油、天然气、电力等一次能源和二次能源。

购进量的确定：基于历史消费数据、市场预测和当前需求来确定购进量。

采购渠道的选择：选择合适的供应商和采购渠道，以确保能源的质量和供应稳定性。

价格谈判：与供应商协商能源价格，以获得合理的购进成本。

### 2）能源消费

能源消费是指在生产、生活或其他活动中使用能源的过程。它反映了能源从供应端到需求端的实际使用情况。

终端消费：直接用于生产或生活的能源使用。

非终端消费：能源在生产或转换过程中的消耗，如发电过程中的能源损失。

消费效率：用于衡量能源转换为有用工作的效率。

### 3）能源库存

能源库存是指企业、机构或国家为应对能源供应中断、价格波动或季节性需求变化而储存的能源资源。

库存管理：包括库存水平的监控、补货策略的制定和库存周转率的优化。

安全库存：为了应对不确定性而保持的最低库存水平。

库存成本：包括储存成本、保险费用、资金占用成本等。

**4）能源购进、能源消费、能源库存之间的关系**

能源购进是能源消费的前置步骤，购进量的多少直接影响到能源消费的可用性。能源消费是能源购进的目的，消费模式的变化会影响到购进策略。能源库存是能源购进和消费之间的缓冲，它帮助平衡供需两端的不确定性，如供应中断或消费波动。

合理管理能源购进、消费与库存，对于确保能源供应的稳定性、降低成本和提高能源利用效率具有重要意义。

## 2. 能源管理的关键步骤

企业进行能源管理是一个系统的过程，涉及规划、监控、优化和持续改进。以下是企业进行能源管理的一些关键步骤。

**1）能源审计**

评估现状：进行能源审计，了解企业的能源使用现状，包括能源消费模式、主要耗能设备和环节。

识别问题：识别能源浪费的环节和低效率的设备。

**2）设定目标**

制定目标：根据审计结果，设定具体的能源节约目标和效率提升目标。

符合法规：确保能源管理目标符合国家和地方的能源法规和标准。

**3）制订能源管理计划**

能源政策：制订企业的能源政策，明确能源管理的方向和原则。

行动计划：制订详细的行动计划，包括改进措施、责任分配和时间表。

**4）实施措施**

技术改造：采用节能技术和高效设备，提高能源利用效率。

过程优化：优化生产流程，减少能源浪费。

员工培训：提高员工的能源意识，培训他们采取节能行为。

**5）监控与评估**

数据收集：定期收集能源消耗数据，监控能源使用情况。

性能评估：评估能源管理计划的效果，与预定目标进行对比。

**6）持续改进**

反馈机制：建立反馈机制，鼓励员工提出节能建议。

定期审查：定期审查能源管理计划，根据实际情况进行调整。

### 3. 综合能源消费

在统计企业的综合能源消费情况时，会考虑终端能源消费量、能源加工转换损失量和能源损失量三部分。这些数据通常通过能源综合平衡统计核算得到，即编制能源平衡表的方法。此外，分行业能源消费量的统计不是各品种消费量的简单相加，而是考虑了能源加工转换过程中的损失量。

年综合能源消费的定义涉及对某一特定年份内，一个国家、地区、行业或企业在该年度内消耗的所有类型能源的总量进行统计和描述。以下是年综合能源消费的几个关键要素。

时间范围：一个完整的日历年，即从 1 月 1 日至 12 月 31 日。

能源类型：包括一次能源（如原煤、原油、天然气、核能等）和二次能源（如电力、热力、成品油等）。此外，还包括可再生能源（如水能、风能、太阳能、生物质能等）。

消费总量：在指定年份内，所有能源类型的消费量总和。这不仅仅包括终端消费，还包括在生产、转换和分配过程中消耗的能源。

统计方法：通常通过能源平衡表进行统计，这涉及能源的供应、消费、转换效率和损失等多个方面的数据。

具体来说，年综合能源消费的定义可以概括为：年综合能源消费是指在一年内，某一国家、地区、行业或企业消费的所有类型能源的总量，包括一次能源、二次能源和可再生能源。这一指标反映了该实体在一年内的能源需求、使用效率和能源结构。

该企业 2023 年综合能源消费情况见表 5-4-3，涉及对企业在一定时期内消耗的各种能源总量的统计。

## 5.4.5 核查目的

本次核查旨在响应国家号召，了解企业温室气体排放情况，有利于对温室气体排放进行全面掌握与管理，实现企业经济和环境的全面协调可持续发展。

第三方核查机构，按照《工业其他行业企业温室气体排放核算方法与报告指南（试行）》（发改办气候〔2015〕1722 号）等文件的要求，在查阅企业温室气体排放报告、进场勘察并与企业负责人访谈的基础上，审查企业温室气体排放报告技术符合性，核查排放边界及排放源，通过统计台账、财务凭证等原始资料的交叉核对，核证企业 2023 年度能源消耗量和主要产品产量，并核算出 2023 年度温室气体排放量，编制完成 2023 年度温室气体排放核查报告。

## 5.4.6 核查范围

（1）核查时间范围：2023 年 1 月 1 日至 2023 年 12 月 31 日。

（2）核查边界范围：依据《工业其他行业企业温室气体排放核算方法与报告指南

（试行）》关于"核算边界"的定义，以法人企业或视同法人的独立核算单位为企业边界，核算和报告处于其运营控制权之下的所有生产场所和生产设施产生的温室气体排放，设施范围包括直接生产系统工艺装置、辅助生产系统和附属生产系统。

（3）核查准则：《工业其他行业企业温室气体排放核算方法与报告指南（试行）》《2023年度公司温室气体排放报告》。

## 5.4.7 核查过程和方法

### 1. 文件评审

核查组成员在核查准备阶段仔细审阅企业2023年温室气体排放报告，了解被核查企业核算边界、生产工艺流程、碳排放源构成、适用核算方法、活动水平数据、排放因子、数据监测情况等信息，确定现场核查重点并制订核查计划，明确核查工作主要内容、时间进度安排、核查组成员任务分工等。核查组将文件评审工作贯穿核查工作的始终。

通过文件评审，确定以下核查重点：

（1）2023年企业核算边界情况；

（2）企业2023年能源活动消费量核算相关数据的核查；

（3）企业2023年活动水平数据的核查；

（4）企业2023年排放因子符合性的核查。

### 2. 现场核查

现场核查的目的是：通过现场观察公司排放设施，查阅排放设施运行和监测记录，查阅活动数据产生、记录、汇总、传递和报告的信息流过程，评审排放因子来源以及与现场相关人员进行会谈，判断和确认被核查企业报告期内的实际排放量。

核查组于2023年5月对企业进行了现场核查。现场核查的流程包括与企业有关人员进行初步交流、收集和查看现场前未提供的支持性材料、现场查看相关排放设施及测量设备、核查组内部讨论、与企业再次沟通等环节。

### 3. 报告编写及技术复核

现场核查小组人员经过2023年5月的现场核查，通过和企业负责人沟通、资料收集和交叉审核、现场勘查，由小组核查人员左某某编制核查报告，在编制过程中多次和企业进行了沟通，完成了《公司2023年度温室气体排放核查报告》的编制。

《公司2023年度温室气体排放核查报告》完成后，由核查组长对报告进行初次审核。报告修改完善后，由独立于现场核查成员的内部技术评审人员进行审核并提出修改意见。报告修改完善后，最后交由公司负责人审定签发。

此外，核查组以安全和保密的方式，保管核查过程中的工作记录、企业相关核查资料以及核查报告等全部书面和电子文件。

## 5.4.8 核算边界的核查

核查组通过排放源现场查勘以及查阅公司生产工艺流程图等文件资料，通过与公司相关负责人进行交谈，现场查看耗能设施，并对照公司设备清单，查阅公司能源消耗统计台账、能源统计报表、核实如下情况：企业的核算边界涵盖企业的直接生产系统、辅助生产系统以及附属生产系统所有的耗能设施。

2023 年报告期内企业的主要能耗品种为天然气、电力及热力。主要排放源包括：消耗天然气产生直接排放的生产设施，如热处理炉、熔炼炉等；消耗电力产生间接排放的生产设施，如低压铸造机、数控车床、机加中心机等；消耗热力产生间接排放的采暖设施。主要耗能设备详见表 5-4-4。

表 5-4-4　主要耗能设备一览表

| 设备名称 | 设备型号 | 功率/kW | 台数 | 耗能种类 |
|---|---|---|---|---|
| 低压铸造机 | 荣威 | 40 | 14 | 电 |
| 低压铸造机 | GIMA-G-26 | 40 | 14 | 电 |
| 低压铸造机 | DYZ-24 | 40 | 4 | 电 |
| 低压铸造机 | HDTD-800A | 40 | 8 | 电 |
| 热处理炉 | FB | 500 | 2 | 电 |
| 热处理炉 | NCL2007-825 | 300 | 1 | 电 |
| 数控车床 | RL-52 | 54 | 9 | 电 |
| 数控车床 | WHL-55 | 54 | 7 | 电 |
| 加工中心 | NB-800A | 54 | 8 | 电 |
| 数控车床 | PUMA-AW560 | 54 | 37 | 电 |
| 数控车床 | CK-5885 | 54 | 2 | 电 |
| 机加中心机 | VMP-45A | 54 | 17 | 电 |
| 机加中心机 | VC-26 | 54 | 1 | 电 |
| 数控车床（镜面车） | WHL-55sp | 54 | 8 | 电 |

经现场核查，核查组确认企业生产过程中不涉及二氧化碳的排放。企业各类排放源信息见表 5-4-5。

表 5-4-5　排放源信息表

| 碳排放分类 | 排放源/设施 | 能源品种 |
|---|---|---|
| 化石燃料燃烧 | 热处理炉、熔炼炉等 | 天然气 |
| 工业生产过程 | 不涉及 | / |
| 净购入电力和热力 | 低压铸造机、数控车床、机加中心机等；采暖设施 | 电、热力 |

经核查，公司核算边界的符合性如下：

（1）公司具备独立法人资格，是可以进行独立核算的单位。

（2）核算边界与相应行业的核算办法和报告指南一致。

（3）纳入核算和报告边界的排放设施和排放源完整。

## 5.4.9　核算方法的核查

经查阅公司温室气体排放报告以及现场核实，核查组确认：

（1）直接排放——化石燃料燃烧。

经核查，企业化石燃料燃烧温室气体排放核算过程所使用的核算方法，符合《工业其他行业企业温室气体排放核算方法与报告指南（试行）》有关规定和要求。

（2）直接排放——工业生产过程。

经核查，企业生产过程温室气体排放核算过程所使用的核算方法，符合《工业其他行业企业温室气体排放核算方法与报告指南（试行）》有关规定和要求。

（3）间接排放——净购入使用电力。

经核查，企业净购入使用电力温室气体排放核算过程所使用的核算方法，符合《工业其他行业企业温室气体排放核算方法与报告指南（试行）》的有关规定和要求。

（4）间接排放——净购入使用热力。

经核查，企业净购入使用热力温室气体排放核算过程所使用的核算方法，符合《工业其他行业企业温室气体排放核算方法与报告指南（试行）》的有关规定和要求。

## 5.4.10　核算数据的核查

### 1. 活动数据及来源的核查

核查组通过查阅证据文件及对企业进行访谈，对排放报告中的每一个活动水平数据的单位、数据来源、监测方法、监测频次、记录频次、数据缺失处理进行了核查，并对数据进行了交叉核对。具体结果如表 5-4-6 所示。

表 5-4-6　天然气消耗数据交叉核对表

| 月　份 | 能源统计台账/（万 m³） | 统计局报表 205-1《能源购进、消费与库存》（1—本月）/（万 m³） |
|---|---|---|
| 1 月 | 89 | / |
| 2 月 | 74 | 203.99 |
| 3 月 | 159 | 373.53 |
| 4 月 | 115 | 492.52 |
| 5 月 | 120 | 611.21 |

| 月　份 | 能源统计台账/（万 m³） | 统计局报表 205-1《能源购进、消费与库存》<br>（1—本月）/（万 m³） |
|---|---|---|
| 6 月 | 118 | 729.42 |
| 7 月 | 109 | 838.73 |
| 8 月 | 125 | 953.07 |
| 9 月 | 125 | 1081.17 |
| 10 月 | 147 | 1227.99 |
| 11 月 | 151 | 1381 |
| 12 月 | 169 | 1551 |
| 合计 | 1501 | 1551 |
| 排放报告 | 1501 | 1501 |
| 一致性 | 一致 | 一致 |

**2. 排放因子和计算参数数据及来源的核查**

（1）天然气。

经核查，企业排放报告天然气低位发热值、单位热值含碳量、碳氧化率采用缺省值，来源于《工业其他行业企业温室气体排放核算方法与报告指南（试行）》，符合《工业其他行业企业温室气体排放核算方法与报告指南（试行）》要求。

（2）净购入使用电力。

经核查，企业排放报告净购入电力排放因子，采用国家发展改革委发布的《2021 年和 2022 年中国区域电网平均二氧化碳排放因子》中 2022 年华北区域电网平均 $CO_2$ 排放因子数据，数值为 0.8843 kg$CO_2$/kWh，符合《工业其他行业企业温室气体排放核算方法与报告指南（试行）》要求。

（3）净购入使用热力。

经核查，企业排放报告净购入热力排放因子采用《工业其他行业企业温室气体排放核算方法与报告指南（试行）》中热力排放因子缺省值，数值为 0.11 t$CO_2$/GJ，符合《工业其他行业企业温室气体排放核算方法与报告指南（试行）》要求。

**3. 排放量汇总**

排放量汇总是指对特定区域、行业或企业在一定时间内排放的污染物总量进行统计和报告的过程。以下是排放量汇总的一些关键要素和方法。

**1）污染物种类**

（1）温室气体：如二氧化碳（$CO_2$）、甲烷（$CH_4$）、氧化亚氮（$N_2O$）等。

（2）大气污染物：如二氧化硫（$SO_2$）、氮氧化物（$NO_x$）、颗粒物（$PM_{2.5}$ 和 $PM_{10}$）等。

（3）水污染物：如氨氮、化学需氧量（COD）、生化需氧量（BOD）等。

（4）土壤污染物：如重金属、有机污染物等。

**2）汇总方法**

（1）直接测量：使用排放监测设备直接测量污染物的排放浓度和流量。

（2）排放因子法：根据活动水平（如能源消耗量、产品产量等）和排放因子（单位活动水平下的平均排放量）来估算排放量。

（3）物料平衡法：对生产过程中的物料输入和输出进行平衡，计算排放量。

（4）生命周期评估（LCA）：考虑产品从原材料采集到最终处置的整个生命周期内的排放。

**3）汇总步骤**

（1）数据收集：收集排放源的活动水平数据和排放因子。

（2）计算排放量：使用适当的计算方法，根据活动水平和排放因子计算每种污染物的排放量。

（3）数据验证：对收集的数据和计算结果进行验证，确保准确性。

（4）编制报告：将计算得到的排放量汇总成报告，通常需要按照规定的格式和标准进行。

（5）报告提交：将排放量报告提交给相关政府部门或监管机构。

排放量汇总对于环境管理、政策制定、排放权交易和企业的社会责任报告具有重要意义。通过排放量汇总，可以更好地了解和管理污染物排放，促进可持续发展。企业碳排放量汇总见表 5-4-7。

表 5-4-7　企业碳排放量汇总表

| 排放量分类 | | $CO_2$ 排放量/t |
|---|---|---|
| 直接排放 | 化石燃料燃烧 $CO_2$ 排放 | 32454.45 |
| | 碳酸盐使用过程 $CO_2$ 排放 | 0 |
| | 工业废水厌氧处理 $CH_4$ 排放 | 0 |
| | 小计 | 32454.45 |
| 间接排放 | 企业净购入电力隐含的 $CO_2$ 排放 | 65187.94 |
| | 企业净购入热力隐含的 $CO_2$ 排放 | 2879.47 |
| | 小计 | 68067.41 |
| 排放量合计 | | 100521.87 |

## 5.4.11　核算结果分析

碳排放强度水平分析结果见表 5-4-8。

表 5-4-8　碳排放强度水平分析结果

| 项目 | 单位 | 数值 |
|---|---|---|
| 单位工业总产值 $CO_2$ 排放量 | $tCO_2$/万元 | 0.78 |
| 单位产品产量 $CO_2$ 排放量 | $tCO_2$/万只 | 245.35 |

## 5.4.12　**核查结论**

核查组根据企业提供的支持性文件及现场访问，进行现有资料的整理和数据的交叉核对，对 2023 年公司温室气体排放报告给出以下核查意见：

### 1. 排放报告与核算指南的符合性

经核查，公司温室气体排放报告符合《工业其他行业企业温室气体排放核算方法与报告指南（试行）》的要求。

### 2. 排放量声明

按照核算方法与报告指南核算的企业温室气体排放总量为 100521.87 t。核查组核查结果与企业温室气体排放报告中数据一致，因此，企业温室气体排放报告数据真实可靠。

### 3. 排放量存在异常波动的原因声明

企业温室气体排放量不存在异常波动。

# 附录一 碳核查技术基本概念

### 1. 组织（organization）

具有自身职能和行政管理的企业、事业单位、政府机构及社会组织等。

### 2. 设施（facility）

属于某一地理边界、组织单元或生产过程中的，移动的或固定的一个装置、一组装置或一系列生产过程。

[GB/T 32150-2015，术语和定义 3.3]

### 3. 温室气体（greenhouse gas）

大气层中自然存在的和由于人类活动产生的，能够吸收和散发由地球表面、大气层和云层所产生的、波长在红外光谱内的辐射的气态成分。

注 1：一般包括二氧化碳（$CO_2$）、甲烷（$CH_4$）、氧化亚氮（$N_2O$）、氢氟碳化物（HFCs）、全氟碳化物（PFCs）和六氟化硫（$SF_6$）等。

注 2：本文件仅量化二氧化碳（$CO_2$）。

[GB/T 32150-2015，术语和定义 3.1]

### 4. 温室气体源（greenhouse gas source）

向大气中排放温室气体的物理单元或过程。

[ISO 14064-1：2006，定义 2.2]

### 5. 温室气体排放（greenhouse gas emission）

在特定时段内释放到大气中的温室气体总量（以质量单位计算）。

[ISO 14064-1：2006，定义 2.5]

### 6. 温室气体排放因子（greenhouse gas emission factor）

表征单位生产或消费活动量的温室气体排放的系数。

[GB/T 32150-2015，术语和定义 3.13]

### 7. 直接温室气体排放（direct greenhouse gas emission）

组织拥有或控制的温室气体源所产生的温室气体排放。

[ISO 14064-1：2006，定义 2.8]

### 8. 能源间接温室气体排放（energy indirect greenhouse gas emission）

组织所消耗的外购电力、热、冷或蒸汽的生产造成的温室气体排放。

[改写 ISO 14064-1：2006，定义 2.9]

### 9. 过程排放（process emission）

在生产、废弃物处理处置等过程中除燃料燃烧之外的物理或化学变化造成的温室气体排放。

[GB/T 32150-2015，术语和定义 3.8]

### 10. 活动数据（greenhouse gas activity data）

导致温室气体排放的生产或消费活动量的表征值。如各种化石燃料的消耗量、原材料的使用量、购入的电量、购入的热量等。

[GB/T 32150-2015，术语和定义 3.12]

### 11. 温室气体信息管理体系（greenhouse gas information management system）

用来建立、管理和保持温室气体信息的方针、过程和程序。

[改写 ISO 14064-1：2006，定义 2.13]

### 12. 温室气体清单（greenhouse gas inventory）

组织拥有或控制的温室气体源以及温室气体排放数据汇总的文件。

[改写 GB/T 32150-2015，术语和定义 3.11]

### 13. 温室气体报告（greenhouse gas report）

用来向目标用户提供的有关组织温室气体信息的文件。

[改写 ISO 14064-1：2006，定义 2.17]

### 14. 全球增温潜势（global warming potential，GWP）

将单位质量的某种温室气体在给定时间段内辐射强度的影响与等量二氧化碳辐射强度的影响相关联的系数。

[ISO 14064-1：2006，定义 2.18]

### 15. 二氧化碳当量（carbon dioxide equivalent，CO2e）

在辐射强度上与某种温室气体质量相当的二氧化碳的量。

注：温室气体二氧化碳当量等于给定温室气体的质量乘以它的全球增温潜势。

[GB/T 32150-2015，术语和定义 3.16]

### 16. 碳氧化率（carbon oxidation rate）

燃料中的碳在燃烧过程中被完全氧化的百分比。

[GB/T 32150-2015，术语和定义 3.14]

### 17. 基准年（base year）

用来将不同时期的温室气体排放或其他温室气体相关信息进行参照比较的特定历史时段。

注：基准年排放的量化可以基于一个特定时期（例如一年）内的值，也可以基于若干个时期（例如若干个年份）的平均值。

[改写 ISO 14064-1：2006，定义 2.20]

### 18. 重要限度（significance threshold）

用于界定重要结构变化的定性或定量标准。

注：多数情况下，"重要限度"取决于采用的信息、组织的特点及结构变化的特征。

[温室气体议定书：企业核算和报告准则，附录：术语表]

### 19. 排除门槛（exclusion threshold）

用于界定不予量化的温室气体排放的定性或定量的要求。

# 附录二　温室气体全球变暖潜势值

附表 2-1　政府间气候变化专门委员会评估报告给出的全球变暖潜势值

| | | IPCC 第二次评估报告值 | IPCC 第四次评估报告值 |
|---|---|---|---|
| 二氧化碳（$CO_2$） | | 1 | 1 |
| 甲烷（$CH_4$） | | 21 | 25 |
| 氧化亚氮（$N_2O$） | | 310 | 298 |
| 氢氟碳化物（HFCs） | HFC-23 | 11700 | 14800 |
| | HFC-32 | 650 | 675 |
| | HFC-125 | 2800 | 3500 |
| | HFC-134a | 1300 | 1430 |
| | HFC-143a | 3800 | 4470 |
| | HFC-152a | 140 | 124 |
| | HFC-227ea | 2900 | 3220 |
| | HFC-236fa | 6300 | 9810 |
| | HFC-245fa | | 1030 |
| 全氟化碳（PFCs） | $CF_4$ | 6500 | 7390 |
| | $C_2F_6$ | 9200 | 9200 |
| 六氟化硫（$SF_6$） | | 23900 | 22800 |

注：建议采用第二次评估报告数值，考虑到第四次评估报告值尚没有被《联合国气候变化框架公约》附属机构所接受。

练习题一答案

**一、单选题（10*2=20 分，请将答案填入题后括号内）**

1. GWP 值指的是全球变暖潜势，其中 $CO_2$ 的 GWP 值为（　　　）。

    A. 1　　　　　　　　B. 25　　　　　　　　C. 50　　　　　　　　D. 100

2. 企业公务车所用汽油属于直接排放中的（　　　）。

    A. 固定燃烧排放　　　　B. 移动燃烧排放

    C. 制程排放　　　　　　D. 逸散排放

3. 核查机构应做好相关核查记录和文件的安全保护工作，记录和文件应至少保存（　　　）年。

    A. 3　　　　　　　　B. 5　　　　　　　　C. 10　　　　　　　　D. 15

4. 深圳碳排放权交易框架要求，组织单一温室气体排放源的排除门槛为（　　　）。

    A. 0.1%　　　　　　B. 0.2%　　　　　　C. 0.3%　　　　　　D. 0.5%

5. 深圳碳排放权交易框架要求，组织层次实质性偏差为（　　　）。

    A. 1%　　　　　　　B. 2%　　　　　　　C. 5%　　　　　　　D. 10%

6. 深圳碳排放权交易框架要求，组织边界的确定方法为（　　　）。

    A. 财务控制权法　　　　B. 运行控制权法

    C. 管理控制权法　　　　D. 股权比例法

7. 温室气体排放量的计算公式为（　　　）。

    A. 温室气体排放量=温室气体活动数据×排放因子×GWP

    B. 温室气体排放量=温室气体活动数据×排放因子×热值

    C. 温室气体排放量=温室气体活动数据×排放因子

    D. 　温室气体排放量=温室气体活动数据×热值

8. 深圳碳排放权交易框架要求，核查机构对企业的碳核查应采用的保证等级为（　　　）。

    A. 有限保证等级　　　　B. 评估保证等级

    C. 合理保证等级　　　　D. 质量保证等级

9. 排放因子类别为区域排放因子时，其排放因子等级为（　　　　）。

    A. 6                B. 4                C. 3                D. 1

10. 深圳市碳交易市场正式启动时间（　　　　）。

    A. 2012.9.18            B. 2013.1.1

    C. 2013.6.18            D. 2013.8.18

## 二、多选题（10*2=20分，请将答案填入题后括号内）

11. 以下哪些属于固定燃烧排放（　　　　）。

    A. 锅炉用柴油                B. 紧急发电机用柴油

    C. $CO_2$ 灭火器逸散          D. 食堂用液化石油气

12. 企业主要耗能设备包括（　　　　）。

    A. 温控设备                B. 生产设施

    C. 能源设施                D. 照明设施

13. 当基准年出现下列哪些情况时，需要重新计算 GHG 清单（　　　　）。

    A. 运行边界发生变化

    B. GHG 源的所有权或控制权发生转移（进入或移出组织边界）

    C. 当设施层次（例如设施的启动和关闭）发生变化时

    D. GHG 量化方法学变更

14. 企业碳核查过程中，核查组长一般需要完成以下哪些工作（　　　　）。

    A. 制订核查计划

    B. 制订抽样计划

    C. 管理核查工作，并作出核查陈述

    D. 对核查陈述负责，并且验证后续的纠正措施

15. 深圳碳排放权交易框架要求，量化和报告的温室气体种类包括（　　　　）。

    A. $CO_2$        B. $CH_4$        C. $N_2O$        D. HFCs

16. 核查活动收集的证据类型有（　　　　）。

    A. 物理证据      B. 文件证据      C. 证人证据      D. 自行判断

17. 深圳碳排放权交易框架要求，核查报告一般包括以下哪些内容（　　　　）。

    A. 组织基本信息

    B. 核查方法与程序

    C. 组织温室气体排放汇总

    D. 核查结论

18. 现场核查所采用的核查方法有（　　　　）。

    A. 现场观察作业活动

    B. 现场检查计量器具等

C. 抽样原始数据和信息以检查数据的追溯性

D. 检查相关文件、记录和凭证等

19. 以下哪些属于 $CO_2$ 的逸散排放（　　　）。

A. 二氧化碳灭火器的使用

B. 废水处理厂的甲烷

C. 空调机中制冷剂的逸散

D. 生产过程中设备接合处的 $CO_2$ 逸散

20. GHG 的量化方法有（　　　）。

A. 计算　　　　　B. 估算　　　　　C. 测量　　　　　D. 测量和计算相结合

## 三、判断题（15*2=30 分，请将答案填入题后括号内，正确的以"T"表示，错误的以"F"表示）

21. 核查文件的编号形式应采用"年份—批次—组织编号—核查机构编号"。

（　　　）

22. 未获得对方书面许可的情况下，保密协议双方皆不得将通过本合同关系获得的关于另一方的任何信息泄露给第三方或允许第三方使用。　　　（　　　）

23. 活动数据类别为连续测量时，活动数据等级评分为 5 分。　　（　　　）

24. 组织内设施及温室气体排放源、汇应采用一致性方法。　　（　　　）

25. 深圳碳排放权交易框架要求，范围一和范围二的排放是企业必须计算的两个范围，范围三的排放可以不予计算。　　　　　　　　　　（　　　）

26. 核查中，可采用多种检验方法，如对数据进行交叉检查，以检查是否有遗漏或抄写错误；对历史数据进行验算；或对证明某项活动的文件进行交叉检查。（　　　）

27. 某有限公司深圳分公司、范围包括工艺区、办公室、餐厅（餐厅属于外包，公司没有控制权但是员工在餐厅就餐）、空气污染防治设施、废水处理厂及员工宿舍（租用，公司有控制权）。那么属于范围 2 的外购电力部分只包括工艺区、办公室、空气污染防治设施和废水处理厂的用电。　　　　　　　　　　（　　　）

28. 深圳碳排放权交易框架要求，根据所选定的量化方法学对温室气体排放进行计算，相关结果应以 $tCO_2$ 表示。　　　　　　　　　　　（　　　）

29. 核查者应对温室气体声明是否存在实质性偏差，核查活动是否达到商定的保证等级做出结论。如果责任方对温室气体声明做出修改，核查者应对修改后的温室气体声明进行评价，以确定所提供的证据能够支持这些修改。　　（　　　）

30. 某公司有一自备生物质电厂，在进行 GHG 盘查时将这部分 $CO_2$ 排放算在了范围 1 内。　　　　　　　　　　　　　　　　　　（　　　）

31. K 制造工厂的"温室气体排放报告书"中的排放因子来源，在选择无烟煤和液化石油气的排放因子时，均选择《2006 年 IPCC 国家温室气体清单指南》第 2 章：固

定源燃烧表 2.2 能源工业中固定源燃烧的缺省排放因子。（ ）

32. 某企业，其厂区锅炉属于租赁，锅炉的运行按照该企业的要求进行，则按照运行控制权法，锅炉的燃烧排放属于范围 1。（ ）

33. 某公司未将食堂用液化石油气，柴油叉车，废料燃烧，外包物流等列入排放源清单，报告中也未说明排除的原因。理由是液化石油气、柴油叉车和废料燃烧所产生的排放量占总量较小，所以无需估算，直接排除。（ ）

34. 某公司计算汽油排放量时，加油发票的核算单位均为升，由于汽油密度较难确定，企业未计算到汽油的重量；直接采集了加油升数和 IPCC 排放因子进行排放量计算。（ ）

35. 某公司清单中"活动水平数据表"中 $CO_2$ 售出数据来源为发票底单，但公司向核查组提供的单据为实际的出库记录，公司解释发票已经入账，但出库记录比发票能更准确地统计到售出量，所以没有问题。（ ）

## 四、简答题（2*5=10 分）

36. 简述温室气体核查的流程。

37. 深圳碳排放权交易框架要求，核查工作完成后，企业和核查机构需向有关部门提交哪些文件？

## 五、案例题或阐述题（2*10=20 分）

38. 阐述两次现场核查计划内容宜重点考虑的问题。

39. 某公司为一家内资企业，成立于 2006 年，注册资本为 5 亿元人民币，现有员工 500 人（其中住宿员工人数为 400 人），从事瓷砖制造工作。2023 年基本状况如题表 1-1 所示。

题表 1-1　企业基本状况表

| 项　目 | 内　容 |
| --- | --- |
| 生活污水与生产废水 | 1. 生活废水均为 3000 吨/天，生产废水直接排入园区二级污水处理厂；<br>2. 生活污水纳入公司的化粪池集中处理后排入市政管网，生活污水排放量为 40 吨/天 |
| 2023 年能源消耗 | 1. 液化石油气：7000 kg；<br>2. 柴油：5000 L；<br>3. 汽油：10 000 L；<br>4. 外购电力：09 年平均 80 MW·h/月 |
| 工作制度 | 8 小时/班，2 班/天，300 天/年 |
| 石灰石消耗 | 1. 2023 年共购买石灰石 45 t，石灰石的煅烧温度在 800～1000 ℃范围内；<br>2. 2009 年 1 月 1 日盘点数据显示石灰石存货 2.6 t；<br>3. 2010 年 1 月 1 日盘点数据显示石灰石存货 8.9 t |

题表 1-2　化石燃料燃烧排放因子

| 燃料名称 | 排放因子 4 | | 密度/（kg·m⁻³） |
| --- | --- | --- | --- |
| | 数值 | 单位 | |
| 液化石油气 | 3.1 | $tCO_2$/t 燃料 | |
| 汽油 | 2.92 | $tCO_2$/t 燃料 | 775 |
| 柴油 | 3.1 | $tCO_2$/t 燃料 | 845 |

题表 1-3　外购电力排放因子

| 年份 | 2021 年 | 2022 年 | 2023 年 |
| --- | --- | --- | --- |
| 电力排放因子/（$tCO_2$/MWh） | 0.998 7 | 0.976 2 | 0.948 9 |

请根据以上案例介绍情况完成下列任务：

（1）分别描述范围一、范围二的 $CO_2$ 排放源。

（2）计算 2023 年该公司所有 $CO_2$ 排放源所产生的排放量。

练习题二答案

## 一、单选题（10*2=20分，请将答案填入题后括号内）

1. 深圳市排放权交易试点中核算排放量使用的全球增温潜势（GWP）引用了以下哪个文件？（　　　）

　　A. IPCC 第四次评估报告 Climate Change 2007

　　B. IPCC 第四次评估报告 The Physical Science Basis 2007

　　C. ISO 14064-1：2006 附录 C《GHG 全球增温潜势》

　　D. UNFCCC CDM methodologies

2. 以下排放源不在深圳市排放权交易试点核算的组织边界内的是（　　　）。

　　A. 锅炉重油的燃烧　　　　　B. 公司自有车辆柴油的燃烧

　　C. 化粪池的逸散排放　　　　D. 生物质的燃烧

3. 核查组在现场审查之前要对组织提供的文件进行文审，下列哪个是组织必须提交的文审文件（　　　）。

　　A. 工艺流程图　　　　　　　B. 温室气体清单；

　　C. 平面布局图　　　　　　　D. 能源购进、消费、库存表

4. 以下活动数据中，数据质量最高的是（　　　）。

　　A. 按照产量推算的某产线全年用电量

　　B. 通过中石油加油明细账获得的全年汽油消费量

　　C. 通过出租方自行安装的电表获得的全年电力消耗量

　　D. 通过南方电网收费通知书计算获得的企业全年外购电力数量

5. 深圳市 C 公司有两个二氧化碳排放源，排放量分别为 110（1±4%）tCO₂e 和 90±24%t CO₂e，则该工厂二氧化碳排放总量的不确定性为（　　　）。

　　A. 24.33%　　　　　　　　　B. 11.02%

　　C. 15.51%　　　　　　　　　D. 28%

6. 下列哪个属于范围 2 的排放源？（　　　）

　　A. 外购蒸汽的排放　　　　　B. 柴油发电机的排放

C. 液化石油气的排放　　　　　　D. 二氧化碳灭火器的逸散

7. 以下审核内容不属于第二阶段现场审核的内容是（　　　　）。

　　A. 现场重要排放源的确认与核查

　　B. GHG 信息管理体系

　　C. 数据和信息的准确性、完整性和可得性

　　D. 基准年的重新计算

8. 由于核查活动相关的不确定性或风险因子在组织控制之外而导致的实质性偏差风险是指（　　　　）。

　　A. 控制风险　　　　　　　　　B. 固有风险

　　C. 发现风险　　　　　　　　　D. 潜在风险

9. 温室气体清单不包括下列哪一个（　　　　）。

　　A. 排放源识别表　　　　　　　B. 活动数据收集表

　　C. 排放因子选择表　　　　　　D. 温室气体减排表

10. 向目标用户出具的为责任方温室气体声明提供保证的正式书面声明是（　　　　）。

　　A. 温室气体报告　　　　　　　B. 核查报告

　　C. 核查陈述　　　　　　　　　D. 温室气体声明

## 二、选择题（多选题）（10*2=20 分，请将答案填入题后括号内）

11. 当发生以下情况时，核查组应对核查报告进行修订（　　　　）。

　　A. 发现了影响实质性的错误、遗漏或解释；

　　B. 发生了影响温室气体声明的事件；

　　C. 发生了影响核查报告确定的范围的事件；

　　D. 即使配合温室气体声明阅读，核查报告也可能会引起误解

12. 温室气体数据和信息核查常用的检验方法包括（　　　　）。

　　A. 通过追溯原始数据的书面材料发现所报告的温室气体信息的错误

　　B. 寻求受核查方的书面确认

　　C. 检查计算是否有误

　　D. 通过交叉检查原始数据记录确认温室气体信息是否有遗漏

13. 以下因素属于温室气体排放核查中控制风险的有（　　　　）。

　　A. 企业缺乏温室气体体系信息管理体系

　　B. 企业对于温室气体排放核查持抵触情绪

　　C. 企业的数据由人工进行转移

　　D. 企业的核算需要大量数据的收集

14. 深圳 E 电厂在量化与报告中采用了自行发展的排放因子，以下哪些因素对于核查过程中自行发展排放因子的适宜性评估是必需的（　　　　）。

A. 燃料的状态、组分及变异程度     B. 燃烧效率的适宜性评估

C. 取样的代表性评估     D. 监测设备的检定与校准

15. 当出现下列情况，并达到预先设定的重要限度时，组织应重新编制基准年温室气体清单，并形成文件：（     ）。

A. 设施的启动或关闭发生变

B. 温室气体源的所有权或控制权发生转移（进入或移出组织边界）；

C. 运行边界发生变化

D. 温室气体量化方法学变更

16. 外购电力排放因子计算中有误的行为包括（     ）。

A. 采用 CDM 项目的电量边际排放因子或组合边际排放因子

B. 将电网输配损耗的排放量计入终端企业的清单

C. 不需考虑电网净受入电力的排放

D. 忽略热电联产情形下热力和电力的排放分配

17. 以下属于直接温室气体排放的有（     ）。

A. 某饮料生产商自有灌装碳酸饮料产线生产过程中的气体泄漏

B. 受核查方厂区内污水泵柴油的燃烧，污水处理委托其他环保公司运行，受核查方按照合约每年只支付一笔运行托管费，其他费用由环保公司承担

C. 制冷设备中 R22 的逸散排放

D. 受核查方厂区内的外租车辆，车辆所有权属于租车公司，平日归受核查方使用，车辆的一切费用由受核查方承担

18. 以下情况中需要对基准年的温室气体清单进行重新计算的有（     ）。

A. A 公司在基准年的组织边界包括三个分公司，非基准年核查时发现有一个分公司已从 A 公司剥离

B. B 公司在基准年的组织边界包括两个分公司，非基准年核查时发现新组建了一个分公司 C

C. D 公司在基准年核算时包括了移动燃烧源的排放，非基准年核查时发现移动源全部外包

D. E 公司因经济萧条，关闭了旗下分公司 F

19. 化石燃料包括（     ）。

A. 煤          B. 太阳能          C. 天然气          D. 风

20. 受核查方的以下行为会对量化与报告的结果产生偏移的有（     ）。

A. 使用了优先级较低、不确定性较高的量化方法

B. 设备的测量值是在满负荷运转时获得的，而缺少负荷变化时的数据

C. 排放源识别不完整

D. 低于检测限度的测量数据的缺失

## 三、判断题（15*2=30分，请将答案填入题后括号内，正确的以"T"表示，错误的以"F"表示）

21. A 公司消防安保文件齐全，并按照规定每年对于消防设施进行年检。由于公司 2013 年未使用 $CO_2$ 灭火器，故未将其列入排放源中。　　　　（　　）

22. 温室气体信息管理程序包括温室气体量化和报告管理程序、文件和记录管理程序和职责权限说明、人员培训记录。　　　　（　　）

23. B 公司有发电设备（烟煤），所发电力未连接到电网，部分满足自用需求，外部供周围企业使用。在 B 公司的 GHG 清单中直接温室气体排放识别了烟煤的燃烧，在能源间接排放中列出了用电排放。　　　　（　　）

24. 在深圳排放权交易试点中，直接温室气体排放和能源间接温室气体排放是必须要计算的部分，而其他间接温室气体排放可以不予计算。　　　　（　　）

25. C 企业的食堂全部外包，液化石油气由外包方自付费用。C 企业在其温室气体清单和报告中将液化石油气的燃烧进行了排放，并说明了排除原因。　　　　（　　）

26. D 企业的用电量比较小，供电局两个月抄一次电表，企业 2009 年 1 月南方电网收费通知书的抄表期间为 2008 年 11 月 26 日至 2009 年 1 月 26 日，除以 2 得出该月的耗电量。　　　　（　　）

27. E 集团旗下有 21 家分支机构，E 集团自行确定的组织边界包括集团总部和所有分支机构。　　　　（　　）

28. F 公司计算 $CO_2$ 灭火器的逸散量采用质量平衡的方法，其逸散量=盘点减量+购买量-出售量-灭火器内 $CO_2$ 增量。　　　　（　　）

29. 对于企业来说，范围一和范围二的排放是企业重点计算的两个范围，范围 3 的部分可以不予计算。　　　　（　　）

30. 实质性是指温室气体声明中可能影响目标用户决策的一个或若干个累计的实际错误、遗漏和错误解释。　　　　（　　）

31. 深圳 G 电厂在生产过程中利用海水脱硫技术进行烟气脱硫，该企业认为本企业的脱硫工艺涉及碳酸钙和碳酸镁，故不应识别为排放源。　　　　（　　）

32. 深圳 H 公司在其提交给政府的温室气体报告中作出了如下声明：本公司 2013 年的 $CO_2$ 排放量为 12 230 t，本报告的编制符合 ISO14064-1 标准的要求。　　　　（　　）

33. 核查机构应该按照文件审查、编写核查计划、现场核查以及编写抽样计划的程序对组织的温室气体排放实施核查。　　　　（　　）

34. 外购电力及蒸汽应列入范围。　　　　（　　）

35. 某机构现场审核时发现，深圳 I 企业 2009—2011 年支持活动数据的供应商票据因工厂原因在现场审核时无法提供，仅有 ERP 数据。经过核查员确认 L 企业在 2010 年 11 月更换了 ERP 系统。核查员接受该证书所提示的信息和数据。　　　　（　　）

## 四、简答题（2*5=10 分）

1. 请简述实质性和不确定性的区别。
2. 简述第三方机构核查的流程。

## 五、案例题或阐述题（2*10=20 分）

1. A 集团是一家位于广东省深圳市的一家外商独资企业，成立于 2005 年，注册资本 1 亿美元，现有员工 580 人。工厂 2023 年基本状况如题表 2-1 所示。请结合深圳市排放权交易试点的要求：（1）识别排放源；（2）完成量化表格。

题表 2-1　2023 年基本状况汇总表

| 项　　目 | 内　　容 |
|---|---|
| 2023 年能源消耗 | 1. 天然气<br>（1）企业有锅炉一台，天然气用量：$1×10^6 \text{ m}^3$；<br>（2）食堂一外包给其他公司运行管理，液化石油气年使用量：60 t；<br>（3）食堂二为 A 集团运行控制的食堂，液化石油气年使用量：100 t<br>2. 柴油：<br>（1）公司叉车消耗 3000 L。<br>（2）总务科自有接待车辆消耗了 10 000 L。<br>（3）紧急发电机试用，每次估算使用量，累计消耗了 200 L。<br>3. 汽油：<br>（1）自有车辆消耗了 5000 L。<br>（2）租用车辆（由承租方控制）一共行驶 300 000 km。共三台车，为同一型号，车辆百公里耗油量为 15 L。<br>4. 煤<br>褐煤，发电机使用，2011 年采购量 13 000 kg，年初库存量为 8000 kg，年中出售给某企业 2000 kg，年底库存量 1000 kg。<br>5. 外购电力：<br>2011 年厂区使用 $5.9×10^4$ MW·h，全部购自南方电网。其中供应商使用 $1×10^3$ MW·h，全部由供应商支付。企业在厂区外另租赁宿舍供员工居住，2011 年使用电量 $1.8×10^3$ MW·h，电费由员工支付。<br>6. 生物燃料：<br>2011 年 11 月起开始使用生物颗粒作为替代锅炉燃料，使用量约为 200 kg，生物颗粒成分暂不明确。 |
| 其他情况 | $CO_2$ 灭火设备（5 kg 装），年初盘点有 50 套，年中购买 20 套，全年未有填充，年底盘底剩余 25 套；<br>干粉灭火设备（10 kg 装），30 套。 |

参考文献

[1] 陆菁，鄢云，黄先海．规模依赖型节能政策的碳泄漏效应研究[J]．中国工业经济，2022, (9).

[2] 胡剑波，李潇潇，王蕾．碳排放效率的区域差异、动态演进及其收敛性[J]．统计与决策，2023, (16).

[3] 张楠，储安婷，杨红强．碳交易机制下林业碳汇产品类别比较与价值核算模型甄别[J]．中国人口·资源与环境，2022, 32(11)：146-155.

[4] 朱婧．林业碳汇若干法律问题的理解与适用[J]．法律适用，2023(1)：141-149.

[5] 李炳军，曹斌，周方．创新生态系统共生、绿色技术创新与低碳经济高质量发展[J]．统计与决策，2023, (16).

[6] 陆敏，徐好，陈福兴．"双碳"背景下碳排放交易机制的减污降碳效应[J]．中国人口·资源与环境，2022, 32(11)：121-133.

[7] 范丹，孙晓婷．环境规制、绿色技术创新与绿色经济增长[J]．中国人口·资源与环境，2020, 30(6)：105-115.

[8] 王倩，高翠云．碳交易体系助力中国避免碳陷阱、促进碳脱钩的效应研究[J]．中国人口·资源与环境，2018, 28(9)：16-23.

[9] 张芳．中国区域碳排放权交易机制的经济及环境效应研究[J]．宏观经济研究，2021(9)：111-124.

[10] 薛爽，赵泽朋，王迪．企业排污的信息价值及其识别：基于钢铁企业空气污染的研究[J]．金融研究，2017(1)：162-176.

[11] WEN F H, ZHAO L L, HE S Y, et al. Asymmetric relationship between carbon emission trading market and stock market：evidences from China[J]. Energy economics, 2020,

91：104850.

[12] 张薇, 伍中信, 王蜜, 等. 产权保护导向的碳排放权会计确认与计量研究[J]. 会计研究, 2014(3)：88-94, 96.

[13] 陈开军, 季鹏飞, 宋莹敏. 碳排放权交易政策对上市公司企业价值影响的实证研究[J]. 当代金融研究, 2022, 5(10)：39-52.

[14] 蔡海静, 周臻颖. 市场化环境规制政策与 ESG 信息披露质量[J]. 财会月刊, 2022(24)：62-70.

[15] 张先琪, 贾康. 中国碳交易试点的减排效应与政策机制：基于市场制度特征的视角[J]. 海南大学学报（人文社会科学版）, 2023, 41(3)：108-117.